脑力赋能

小白轻松变记忆高手

吴琼 陈琴 著

中国纺织出版社有限公司

内 容 提 要

本书以训练的形式，系统讲述了快速记忆的5大常用方法——联想法、歌诀法、绘图法、拆分法、定位法，以及1个思维工具——思维导图。内容的可操作性强，从如何建立高效记忆的基础，到联想的训练，再到定位法的如何找地点桩，如何使用地点桩，都有结合实际的案例跟大家展示。跟着书本训练，就能够切实地提升记忆力。无论你来自哪行哪业，这本书都能让你轻松高效地记忆。

本书适合各年龄段的学生、职场人士、辅助孩子学习的家长等希望提升学习和工作效率的人阅读。

图书在版编目（CIP）数据

脑力赋能：小白轻松变记忆高手/吴琼，陈琴著. -- 北京：中国纺织出版社有限公司，2022.5
ISBN 978-7-5180-9419-6

Ⅰ.①脑… Ⅱ.①吴… ②陈… Ⅲ.①记忆术—通俗读物 Ⅳ.①B842.3-49

中国版本图书馆CIP数据核字（2022）第043431号

责任编辑：郝珊珊　　责任校对：高　涵　　责任印制：储志伟

中国纺织出版社有限公司出版发行
地址：北京市朝阳区百子湾东里A407号楼　邮政编码：100124
销售电话：010—67004422　传真：010—87155801
http://www.c-textilep.com
中国纺织出版社天猫旗舰店
官方微博 http://weibo.com/2119887771
北京华联印刷有限公司印刷　各地新华书店经销
2022年5月第1版第1次印刷
开本：710×1000　1/16　印张：11
字数：146千字　定价：48.00元

凡购本书，如有缺页、倒页、脱页，由本社图书营销中心调换

各方赞誉

此书浓缩了吴琼多年来记忆法教学的精华,用行之有效的记忆训练系统,助你在较短的时间内掌握成为"最强大脑"的秘诀。此书由浅入深,科学有效地教授你高效的记忆方法,让你真正做到"过目不忘",甚至成为世界记忆大师。吴琼是世界记忆锦标赛中走出的顶尖记忆高手,此书也对世界记忆锦标赛做了详细的介绍,希望有更多的读者能通过此书,掌握高效记忆的方法,并喜爱记忆这项伟大的竞技运动。

世界记忆锦标赛全球总裁判长/央视《挑战不可能》特邀嘉宾/
世界记忆大师　何磊

记忆力并不是天生的,而是通过方法训练出来的。如果你能够学习并训练此书中的记忆法,你也可以成为记忆高手,让学习更轻松。

文魁大脑俱乐部创始人/世界记忆大师/作家　袁文魁

吴琼老师非常励志和有能力,还将自己脑力提升的方法技巧教给了自己的学生和家人,让自己的妹妹成为了高考状元,让自己的奶奶走上了世界脑力的舞台。她一直在用自己的知识给身边的人带来正面的影响,十分期待她在新书中分享的方法技巧。

《最强大脑》选手/《挑战不可能》嘉宾/《奔跑吧兄弟》节目嘉宾　黄胜华

阅读这本书,能够让我们了解《最强大脑》的秘密,相信各位在吴琼老师的带领下,可以重新认识记忆,系统学习记忆方法,并且将其运用在学习上面,让记忆法真正实用起来。加上思维导图的学习,相信各位不仅可以克服记忆的难题,还能提高学习的效率,成为下一个"最强大脑"!

世界记忆冠军/《最强大脑》名人堂选手　苏泽河

吴琼老师是一位非常优秀、非常幽默的老师，写的书深入浅出，通俗易懂，把神秘的记忆术完整地表现出来，这是一本非常值得期待的书，你值得拥有！

《最强大脑》第三季蒙面脑王　徐灿林

吴琼老师不仅以这套记忆方法作为教学工具，更重要的是，她还用这套方法实践且取得了成果，把很多学生训练成记忆大师，甚至让自己的奶奶也学会了记忆技巧，帮助无数人找到记忆自信。她是一位非常有情怀的老师。这本书值得认真学习，之后你会发现原来自己比想象中更厉害。

——德中联合会中德职教产业专业委员会会长　刘家辉

几年前邀请吴琼老师到广西贵港市某高中做记忆法与学习的分享，学生收获很大且学习进步很明显。如今，非常开心看到吴琼老师把她高效的记忆方法整理成书并分享给有需要的人。我相信，认真按照书中的方法去练习与实践，你的记忆力也会明显提升，进而助力你的学习、工作和生活。

创新方法研究会创新能力专业委员会副主任委员/
《悟学通识教育》《悟学理念》《悟学式教学法》创立者　姚伟文

智力主要包括注意力、记忆力、想象力、思维力和观察力等。而记忆力是智力的重要方面，记忆力的提升需要巧妙借助想象力进行训练；训练记忆力还需要用注意力和观察力来想象；想象记忆的表象时需要思维力来完成。也就是说，记忆力的提升需要智力的各个方面（如注意力、想象力、思维力和观察力）的参与。《脑力赋能——小白轻松变记忆高手》一书是一本掌握记忆方法、发展智力不可多得的好书。

——研究员、教授级中学高级教师　叶宝华

吴琼老师通过学习记忆法改变了她的人生轨迹，我见证她瞬间记住几十个人的电话，这样的能力在职场也非常有用，对记忆苦恼的朋友，推荐你跟世界记忆大师学起来。

秋叶大叔

很多时候我们都非常好奇为什么有的人记忆力这么好，有的人记忆力一般。其实主要是记忆方法的区别，吴琼老师在记忆领域深耕了多年，对记忆有独到的理解和认识，以及丰富的教学经验。这本书凝聚了吴琼老师多年的巨大知识财富，想必能够让读者对记忆有更深的理解和认识。"近距离"感受最强大脑选手的成长之路，以及记忆方法的神奇和魅力，快来阅读吧！

吉尼斯世界纪录保持者　邹璐建

吴琼老师是一位极度认真、超级有趣的人。作为相识多年的老友，我非常认可她的能力，因为发生在她身上的"奇迹"都是脚踏实地一步、一步走出来的。吴老师将多年对学习方法的运用和感悟汇集成书，提供给广大脑力爱好者。书中的记忆方法都是数万人实践后的宝贵总结，也是《最强大脑》选手们的必备技能，期待能为爱学习的你带来帮助和改变。

世界思维导图推广大使　梅艳艳

记忆脑科学是一个热门话题，很多人只知其表，而不知其里。吴琼从选手兼教练的角度剖析了神奇的记忆方法。本书在方法、技巧方面深入浅出进行讲述，更从方向、目标等方面进行讲解。同时，吴琼结合日常工作、生活和学习等方面的应用做了详细的讲解。这是一部难得的工具书和教科书，对想提高学习效率，梦想登上《最强大脑》节目或《挑战不可能》节目的同学是一部非常难得的参考书。

第二十三届世界脑力锦标赛世界赛主席/《最强大脑》（第一季）刘鸿志父亲　刘科夫

序　言

　　我一直相信"吸引力法则"——如果心里一直想着要做一件事情，有足够的信念，加上持之以恒的行动，那你的愿望有很大几率会实现。

　　2013年的我还是一个大三的学生，每到考试就背各种复习资料。一次午餐偶然在食堂门口被一个宣传架吸引了，上面写着"7天倒背如流国学《道德经》，2分钟记忆毫无规律的80个数字，一周记忆四六级英语单词书……"我心想：初一假期的时候，我在班主任王老师那里学了一个暑假的记忆法，让我印象最深的是背了100位圆周率，还在学校舞台上表演，极大地提升了我的自信！太有缘分了！恰巧我要考六级！要是能帮我背下来就太好了！

　　怀着激动的心情，我走进学术报告厅。主持人让台下观众轮流报屏幕上的数字，嘉宾可以正背、倒背。后来，嘉宾还抽背了整本《道德经》，观众报出页码就可以知道那一页的内容……太神奇了！我当即就决定要在我们学校开办记忆协会。于是，在武汉大学记忆协会、华中科技大学记忆协会的指导下，我们学校成立了记忆协会。在协会成员中，我想象能力不好，学得最慢，头脑里很难出画面。但通过一步步的练习，也有了一些改善，从最开始5分钟只能记二十多个数字，到5分钟可以记忆160个数字，记忆2副扑克牌了。

　　2014年10月开始，我陆续参加了世界脑力锦标赛苏州城市赛、中国赛和世界赛，通过了国际记忆大师3个项目标准，获得了国际记忆大师证书。

　　2015年，校记忆协会步入正轨，我担任荣誉会长，创办记忆集训队，承办了世界脑力锦标赛武汉市城市赛。

　　2016年，我被授予国际脑力运动推广大使称号，同期担任世界脑力锦标赛国际一级裁判，次年晋升为国际二级裁判（可见证吉尼斯世界纪录诞生）。

　　记忆方法是一种技能，就像游泳、开车、弹钢琴、画画，最重要的是训练。量变是可以引起质变的。当我2013年走进学术报告厅的那一刻，我并未想到自己可以获得如此多的荣耀，也不曾想过记忆法会改变了我的职业道路。正是在勤勤恳恳的训练中，记忆法化作了我可以信手拈来的一种技能，帮助我在生活、学习的各个方面，比他人走得更快。

  少年智则国智，少年强则国强。在记忆行业"摸爬滚打"了多年，我从少年成长为青年，不只依靠自己的努力，更要感谢一路上无私帮助我的行业前辈，以及陪伴我共同成长的朋友们。此书由我和思维导图认证管理师陈琴老师共同撰写，陈琴老师在记忆行业深耕10年，有丰富的教学实战经验，也带出了很多优秀的学生。我们在记忆领域得到了很多贵人的指点，也不免想要将这份助人之心播撒出去，将所学与众学子分享，让更多人了解记忆方法，摆脱死记硬背，提升记忆效率，依靠记忆方法在学习、生活中更加顺遂。

目 录
CONTENTS

第一章　记忆的基础
- 第一节　了解你的大脑 / 002
- 第二节　记忆的定义与重要性 / 003
- 第三节　遗忘和复习 / 005
- 第四节　记忆力是可以训练的 / 007
- 第五节　记忆力的好坏标准 / 009
- 第六节　测一测你的记忆力 / 010

第二章　打造最强基本功
- 第一节　想象力比知识更重要 / 018
- 第二节　数字编码 / 020
- 第三节　抽象文字转图像 / 023

第三章　联想法：把零碎的信息串起来
- 第一节　为什么要联想 / 030
- 第二节　2个词语的联想训练 / 031
- 第三节　多个词语的联想 / 033
- 第四节　配对联想的应用 / 039
- 第五节　故事联想的应用 / 045

第四章
歌诀法：让知识朗朗上口

第一节　认识歌诀法 / 050
第二节　记忆19部古典名著 / 051
第三节　记忆历史朝代 / 052

第五章
绘图法：让知识跃然纸上

第一节　认识绘图法 / 056
第二节　记忆古诗 / 057
第三节　记忆古文 / 059
第四节　成人考试中的知识点记忆 / 061

第六章
拆分法：牢记英语单词

第一节　认识拆分法 / 066
第二节　单词拆分法训练 / 068
第三节　小学单词记忆训练 / 070
第四节　初中单词记忆训练 / 075
第五节　高中单词记忆训练 / 079
第六节　其他单词记忆小技巧 / 083

第七章
定位法：万事万物皆可记

第一节　认识定位法 / 088
第二节　身体定位法 / 090
第三节　人物定位法 / 095
第四节　地点定位法 / 097
第五节　地点定位法具体运用 / 102
第六节　用数字定位法记三十六计 / 107
第七节　用数字定位法记红酒的54种味道 / 110

第八章 思维导图：大脑的瑞士军刀

第一节　认识思维导图 / 118

第二节　思维导图绘制工具 / 120

第三节　思维导图绘制流程 / 121

第四节　水平思考与垂直思考 / 124

第五节　用思维导图记文章 / 128

第六节　用思维导图做笔记 / 131

第七节　用思维导图做学习计划和旅游计划 / 133

第八节　关于思维导图学习的疑问与解答 / 134

第九章 脑力竞技实战世界

第一节　世界记忆锦标赛 / 138

第二节　数字记忆 / 139

第三节　中文记忆 / 149

第四节　图像记忆 / 151

第五节　关于快速记忆法的疑问与解答 / 153

后　记 / 159

附　录 / 161

第一章

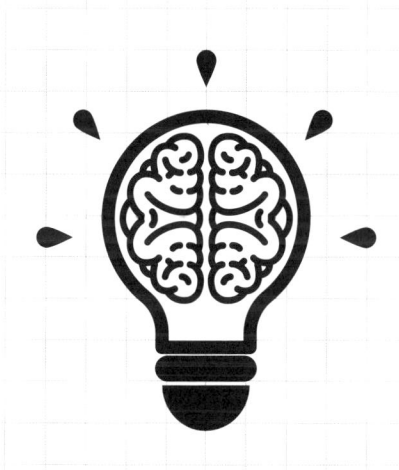

记忆的基础
CHAPTER 1

第一节　了解你的大脑

学者伊凡·叶夫雷莫夫指出："人的潜力之大令人震惊。如果我们迫使头脑开足1/4的马力，我们就会毫不费力地学会40种语言，把百科全书从头至尾背下来，还可以完成十几个大学的博士学位。"由此可见，大脑的潜能是巨大的，只是大部分人的潜能未被挖掘。

我们的大脑分为左半球和右半球，诺贝尔生理学或医学奖获得者罗杰·斯佩里的研究指出，左、右大脑以不同的方式接收和处理信息。

左脑主要负责逻辑、语言、数学、文字、推理、分析，被称为"学术脑"；右脑主要负责图画、音乐、韵律、情感、想象、创造，被称为"艺术脑"。

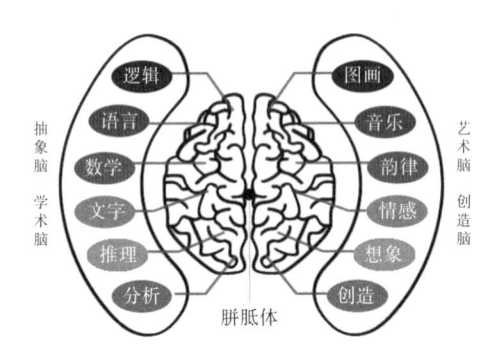

在传统的应试教育中，"学术脑"的功能被大大强调和开发，而"艺术脑"得到的重视则不足。其实，对于记忆来说，惯于想象和创造的右脑具有得天独厚的优势。要想习得快速记忆能力，就不能忽略右脑的能力，但快速记忆绝不是单纯的开发右脑，而是全面激发大脑的潜能，让左右脑更高效地协同工作，把抽象的记忆资料转化成形象的图像，从而达到更高效记忆的目的。

快速记忆法可以具体应用在日常生活和学习的各个层面，让我们从记忆中挖掘快乐，让记忆这件事情变得更有趣。

第二节　记忆的定义与重要性

学习记忆方法之前，我们要了解一些关于记忆的基本知识，不仅知其然，还要知其所以然。那么，到底什么是记忆呢？

《辞海》是这样定义"记忆"的："人脑对经验过的事物识记、保持、再现的过程。"

它包括识记、保持、再现或再认三方面。识记即识别和记住事物特点及其间的联系，它的生理基础为大脑皮层形成了相应的暂时神经联系；保持即暂时联系以痕迹的形式留存于脑中；再现或再认识则为暂时性联系的再度活跃。通过再现或再认识可恢复过去的知识经验。简单来说，记忆就是"过去的经验在人脑中再次重现"。

"忆"是"记"的前提，没有记过，即使你绞尽脑汁也不会想起来。这就

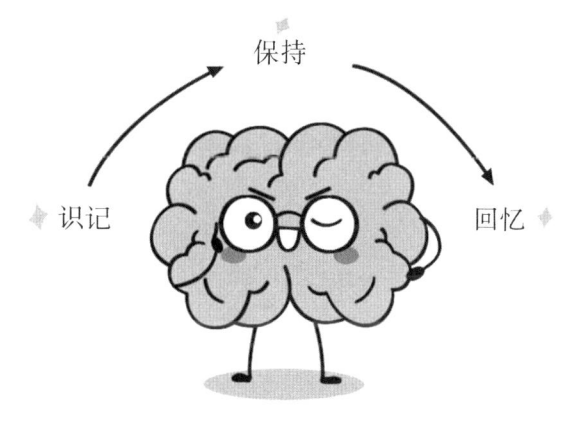

好比你要去井里打水，只有井里有水才能打得出来。

而"忆"是"记"的验证。若不考查，即使记得再多，也像是盖上的书，只是死的知识，而不是活的智慧。记与忆是一个完整而不可分割的整体。好的记忆，既要记得住，又要忆得起。

在今天这个"知识爆炸"的年代，我们面临的信息越来越多，并且还将与日俱增，脑子不够用的苦恼似乎更加普遍了。俗话说，"好记性不如烂笔头"，而计算机等工具的发明似乎更成为一种"偷懒"的选择。许多人希望能够不记而忆，只通过搜索引擎就得到大量的信息。那么，个人的记忆能力是否已经无关痛痒了呢？

并非如此，记忆的作用不仅在于知道信息，更在于运用、整合信息。所谓"熟读唐诗三百首，不会作诗也会吟""腹有诗书气自华"，那些存在个人脑中的记忆，不仅是死板的信息，更是个人气质的底气和基石。

从小处来说，记忆更是应试考试的基础。即使是开卷考试，若是没有对于课堂分析的记忆，无法整合全书各个部分的内容，也无法取得一个好成绩，更不必提需要记忆大量公式、单词等内容的闭卷考试了。

第三节　遗忘和复习

"如果我把这篇文章记住就再也忘不掉该多好，就不用花那么多时间去复习了！"这是我经常会听到学生说的话。

世界上确实有一类人，对自己生命中所经历的事情记得一清二楚，不会忘记，是不是很羡慕？但是，这是一种罕见的疾病，叫"超忆症"。这类人虽然有过目不忘的能力，却不像我们想象中那么幸福。记忆的不断涌现会对他们的身体和心理健康构成威胁，"无法忘记"也是一种痛苦。

我们并不需要把每天发生的事情都记住，只需要记住对我们重要的事。而对于一般人来说，当开始记忆的时候，遗忘就已经开始了。

德国心理学家艾宾浩斯研究发现，遗忘在学习之后立即开始，而且遗忘的进程并不是均匀的。最初遗忘速度很快，以后逐渐缓慢。根据他的实验结果，绘制成描述遗忘进程的曲线，即著名的艾宾浩斯遗忘曲线。

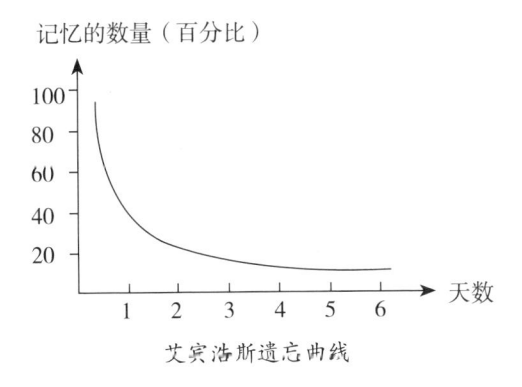

艾宾浩斯遗忘曲线

遗忘是不可避免的，但是我们可以通过科学的记忆和复习方法来延缓遗忘，甚至做到终生不忘。许多人忘得快，是因为一开始就没有记住。在艾宾浩斯遗忘曲线中，一开始的记忆量是100%，在1分钟后就只剩下58%，1天后就只剩下33.7%。试想，若是一开始记住的内容就只有50%，那么1分钟后就只剩下58%×50%=29%，这甚至少于记忆量为100%时，1天后的剩余量。因此，为了避免"遗忘"，首先就要提高初始的记忆量。影响初始记忆量的因素有以下几点。

注意力集中程度

当我们思绪不集中的时候，对信息的分辨能力就下降，要记忆的内容就容易和其他线索混淆，记忆的效率就低，记忆的准确性就差。

信息相互干扰程度

如果你要去图书馆找一本图书，你会如何寻找？我想一定需要先确定这是一本属于哪个学科的书，因为图书馆中的图书正是依据这些规则来摆放的。同样的道理，如果你要在脑中安放各种各样的信息，最好也给它们安上相应的"标签"，按照一定的规则来"摆放"。

相似的信息会相互混淆，只有在记忆时就着重区分不同信息之间的差异，并且做到分门别类、有条不紊，才能在提取信息的环节不发生记不起、记错的问题。

记忆时的情绪和心态

你对哪些事情印象深刻？那些令你极度喜悦、悲伤、愤怒的事情往往难以遗忘。所以在识记的时候带上情感的链接，是至关重要的。代入情感能提高记忆的持久性，令回忆更简单。

传统观念认为，复习的次数越多，就记得越牢固。真的是这样吗？其实，复习也要掌握节奏，有规律地进行复习才能事半功倍，给大家分享我的复习节奏：

次数	时间
第一次	1~3小时
第二次	当天晚上
第三次	2~3天
第四次	1~2周
第五次	1~3个月
第六次	半年左右
第七次	1~2年

每个知识点都按照这样的节奏来复习，估计没几个人能做到，但是抓住碎片化的时间，对重难点进行规律复习，一定会比盲目复习的效率高很多。

第四节　记忆力是可以训练的

自从我踏上记忆法学习之路，并且取得了"国际记忆大师"的称号后，立刻就被打上了"记忆力好"的标签，因此身边的人时常向我询问提高记忆力的窍门。"指教"得多了，我也渐渐领悟出"记忆力差"背后的两大原因：一是对于自己"记忆力不好"的负面暗示；二是没有掌握系统有效的记忆方法。

我时常听到这样的开场白："哎呀，我就是记忆力不好，总是记不住！""我从小就记忆力不好，这个已经没有办法了。""我一想起记东西就害怕，大脑就不运转了。"还有家长替孩子来找我，习惯性地先"骂一骂"孩子："他呀，就是记忆力不好，刚刚记完转身就忘了！""我们家孩子啊，只要稍微花点心思好好记住这些，也不至于成绩这么差！"

其实，很多人不知道，正是他们的这些负面评价、负面暗示，才导致了自己或孩子的记忆越来越差。语言带来的杀伤力，有时比身体上的伤害还要重，因为它是无形的，打压的是潜能。每当我看到家长当着孩子的面，跟我抱怨孩子的记忆力多差、如何令他头疼时，我看到的不是孩子无助、委屈的神情，就是一脸无所谓的自暴自弃。如何让一个对自己已经失去信心的人再去进步呢？提升记忆力，首先就要停止负面暗示。

好的记忆力是可以通过后天训练获得的，我本人就是一个实实在在的例证。我并不是在被贴上"国际记忆大师"的标签后就一跃成为记忆强人的，而是通过正确的训练，不断练习才获得如今的记忆能力的。

我始终相信，任何一种能力的形成，都需要经历刻意练习。爱因斯坦认为，成功=艰苦劳动+正确方法+少说空话。记忆方法并没有那么神奇，也并不需要特殊的天赋，任何人经过刻意练习，都可以提升自己的记忆能力。

第五节　记忆力的好坏标准

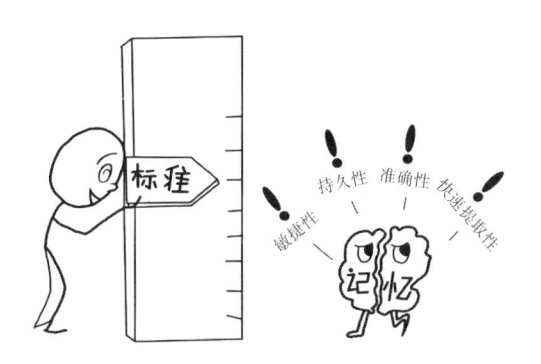

记忆力的好坏需要从4个方面来衡量：

一是记忆的**敏捷性**，即记忆的速度。有的学生读几遍古诗就可以记住，有的学生2个小时都记不住，这是记忆速度的差异。

二是记忆的**持久性**，即保持的时间长短。有些人"临时抱佛脚"的能力很强，在听写之前可以迅速地记住许多单词、文章，但在通过测验后很快就忘记了；而有些人记住事情之后，几个月、几年都不会忘记，后者的记忆持久性就较高。

三是记忆的**准确性**，即对记忆内容的还原度。单词记错一个字母，古诗记错一个字，汉字记错偏旁，在考试的时候就容易失分。世界脑力锦标赛要求选手在1小时内正确记忆超过1000个随机数字，不能有一个错误，这就是考察记忆的准确性。

四是记忆的**快速提取性**，即能不能根据需要，快速而准确地提取信息。明明见过的人，再见面时，拍肿了脑袋却记不起对方的名字；背得滚瓜烂熟的诗句，别人说了上句你却迟迟接不住下一句，那就是不能快速和及时地信息提取。

这四个方面是相互联系、缺一不可的。

第六节　测一测你的记忆力

你对自己的记忆力满意吗？在正式开始学习记忆法之前，先了解一下自己的记忆力水平，才能做到心中有数。

不过，测试完之后，如果你的测试结果不太理想，不要灰心丧气，因为本书的作用就是让记忆能力变成你的优势能力；如果你的测试结果非常好，恭喜你，获得了更进一步的机会。

测试结果只有你自己知道，请诚实地面对自己！现在请腾出30分钟，找到一个安静的地方，静下心来，让我们开始测试吧！

词语记忆测试

请在2分钟之内记忆30个词语。回忆书写时间：5分钟。

笔记本	衣柜	瓜子	蓝天	鼠标
洗衣机	凤梨	球场	白骨精	望远镜
行李箱	面包	镜子	投影仪	插座
医生	玻璃	南湖	企鹅	眼睛
夜色	锤子	咖啡	耳机	羞涩
列车长	结构化	楼梯	埋伏	相声

请盖住原文，回忆词语，并将回忆起的词语填在相应的空格里。写完之后，请与原文对照，填对1个，得2分。

得分：____分

数字记忆测试

请在2分钟内记忆以下40个数字，然后盖住原文，在5分钟之内写出正确数字。填对1个，得1分。记住，一定要按照顺序记忆，从错误的数字开始，后面的都不算分。

```
5 4 1 2 3 6 7 4 2 9
1 2 5 5 6 1 4 7 5 1
1 4 5 0 9 2 5 1 4 5
6 2 8 2 6 4 8 1 5 0
```

好，记住了吗？把40个数字按顺序填在下面的横线上。

_____

_____

_____

得分：____分

电话号码记忆测试

请在2分钟内记忆下面5个电话号码,要一一对应,完全答对才能得分。

单位	电话号码
便利店	58931207
邮局	26540314
海鲜市场	98003145
民政局	73260950
教育局	88536476

好,你记住了吗,请在下方的表格中填写对应的电话号码,填对1个得8分。回忆书写时间:5分钟。

单位	电话号码
便利店	
邮局	
海鲜市场	
民政局	
教育局	

得分:____分

历史事件记忆测试

下面是8个历史事件和对应日期,用2分钟把它们记下来,然后写出每个事件对应的日期。

历史事件	日期(年)
法国大革命爆发	1789
德国的古腾堡发明铅活字印刷术	1454

续表

历史事件	日期（年）
俄国十月革命	1917
拿破仑称帝，法兰西第一帝国开始	1804
《共产党宣言》发表	1848
美国尼克松总统访华	1972
欧洲联盟建立	1993
第一个大学学位授予女性	1840

好，你记住了吗？请在下方的表格中写出历史事件对应的发生日期，填对1个得5分。

历史事件	日期（年）
美国尼克松总统访华	
法国大革命爆发	
拿破仑称帝，法兰西第一帝国开始	
欧洲联盟建立	
第一个大学学位授予女性	
德国的古腾堡发明铅活字印刷术	
俄国十月革命	
《共产党宣言》发表	

得分：____分

字母记忆测试

请在2分钟内记忆以下40个字母，然后盖住原文，在5分钟之内默写出来。记住，一定要按照顺序记忆，从错误的字母开始，后面的都不算分。填对1个，得1分。

y	s	j	c	x	o	p	r
c	e	k	j	a	z	u	f
t	m	c	x	e	i	w	z
r	g	s	y	d	h	q	p

好，你记住了吗？请把40个字母按顺序填在下面的横线上。

_____

_____

_____

得分：____分

测试总结

测试项目	你的得分	满分（分）
词语记忆		40
数字记忆		40
电话号码记忆		40
历史记忆		40
字母记忆		40
总分		200

测试结果评估

人总是会对考试紧张的，恭喜你现在可以放松了。

大部分人得分为40~80分。如果你的分数为120~160分，说明你的记忆力还不错，但不要沾沾自喜，因为习得了记忆法的人，得分为180~200分。

章节重点

1. "记"是"忆"的前提，"忆"是"记"的验证。

2. 记忆力好坏的4个衡量标准：敏捷性、持久性、准确性、快速提取性。

3. 记忆就像肌肉，是可以锻炼的，通过刻意练习，每个人都可以掌握快速记忆方法。

4. 克服记得快、忘得快的秘诀，不仅要有记忆方法，还需要有规律地复习。

第二章
打造最强基本功

CHAPTER 2

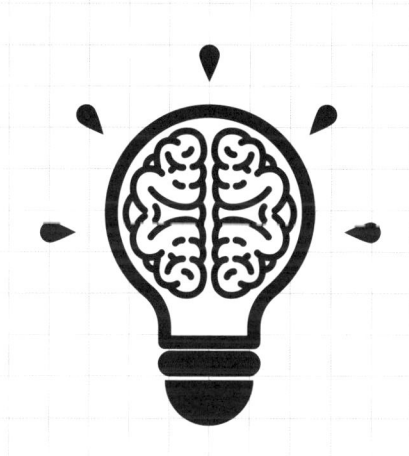

第一节 想象力比知识更重要

前文提到过，右脑在高效记忆中很重要，其原因在于右脑是想象力的所在，而学好记忆方法的关键就在于丰富的想象力。在记忆法的训练过程中，关于想象力的训练也是做得最多的。

想象力就是创造一个念头，或者用思想画图的能力。用思想画图就是在脑海中呈现图像，而快速记忆法的关键就是通过形象记忆事物。你想象画面的速度越快，图像越清晰，记忆的速度就越快。

比如，记忆英语单词时，若你能在脑海中把树（tree）和单词形象地结合起来，你就能记得更牢固。

我们先来玩一个想象力的小游戏（可以找朋友念，你闭上眼睛放轻松）：

请深呼吸3次，感受自己的一呼一吸。吸气……呼气……吸气……呼气……让你的意识都回归到呼吸上，专注于你的呼吸，心慢慢地平静下来。

现在，请你慢慢地伸出左手，活动活动你的手指头，然后掌心朝上，想象你的左手手掌上放着一个柠檬，让你的意识专注在柠檬上，掌心能不能感受到它外表皮的温度呢？是暖暖的，还是冰冰的？

继续看着你掌心的柠檬，看看它的颜色、皮的褶皱；接下来伸出你的右手，去摸一摸柠檬，感受它的触感；再把鼻子凑上去闻一闻；你能想到这颗柠檬，在阳光雨水的滋润下，在农民伯伯精心的照料下的画面吗？

最后想象右手拿着水果刀，把柠檬切成两半，拿起一半舔一舔，你的口腔有分泌唾液，或有酸得起鸡皮疙瘩的感觉吗？……

好了，游戏结束。你的脑海中能够浮现这一系列画面吗？如果可以，证明你的想象力还不错。好的想象力能令人有身临其境之感。

爱因斯坦说过："想象力比知识更重要，因为知识是有限的，而想象力概括着世界上的一切，推动着进步，并且是知识进化的源泉。"

有人说："我就是想象不到画面，怎么办呢？"技巧就只有两个字：训练！多多训练，熟能生巧，你也可以拥有这种"天赋"。

我的奶奶没有读过书，却拿到了2015年世界脑力锦标赛中国赛乐龄组单项铜牌！记忆训练锻炼了奶奶的想象力，她现在经常和家乡人讲述她比赛的经历，手舞足蹈，抑扬顿挫，把大家逗得捧腹大笑。如果她脑海里没有画面，是描述不出来的。七旬老人通过锻炼都能提高想象力，我们肯定能练得更好！

第二节　数字编码

世界上需要记忆的内容很多，但是记忆方法万变不离其宗。前文提到，记忆法是一种技能，就像游泳、开车、弹钢琴一样。当我们学会游泳后，我们可以在游泳池里游，也可以在河里、海里游，无论环境变化，游泳技能都是有用的。同样地，当你学会记忆法之后，无论是记忆数字、诗文、单词，还是其他的内容，都能够更加高效。

数字记忆训练就是一种适合入门和推广的记忆训练。记忆数字，首先要熟记数字编码。数字编码是把数字00~99编制成对应的图像（见下表），看到对应的数字，脑海中就浮现对应的图像。

数字编码表

01小树	02铃儿	03三角凳	04汽车	05手套
06手枪	07锄头	08溜冰鞋	09猫	10棒球
11筷子	12椅儿	13医生	14钥匙	15鹦鹉
16石榴	17仪器	18腰包	19药酒	20香烟
21鳄鱼	22双胞胎	23和尚	24闹钟	25二胡
26河流	27耳机	28恶霸	29饿囚	30三轮车
31鲨鱼	32扇儿	33星星	34绅士	35山虎
36山鹿	37山鸡	38妇女	39三角板	40司令
41司仪	42柿儿	43石山	44蛇	45师傅
46饲料	47司机	48石板	49湿狗	50武林盟主
51工人	52鼓儿	53乌纱帽	54武士	55火车
56蜗牛	57武器	58尾巴	59蜈蚣	60榴莲
61儿童	62牛儿	63硫酸	64螺丝	65尿壶

续表

66蝌蚪	67油漆	68喇叭	69料酒	70冰激凌
71鸡翼	72企鹅	73旗杆	74骑士	75西服
76汽油	77机器人	78青蛙	79气球	80巴黎铁塔
81白蚁	82靶儿	83芭蕉扇	84巴士	85宝物
86八路	87白棋	88爸爸	89芭蕉	90酒瓶
91球衣	92球儿	93旧伞	94首饰	95酒壶
96旧炉	97旧旗	98酒吧	99玫瑰	00望远镜

这些编码是通过谐音、象形、特殊意义3种方式获得的。

谐音：根据数字的同音或近音，把抽象的数字转化成形象的图像。比如，02的谐音是"铃儿"，15的谐音是"鹦鹉"，46的谐音是"饲料"，27的谐音是"耳机"。

象形：根据数字的外形想到的图像。比如，10的形状像"棒球"，11的形状像"筷子"。

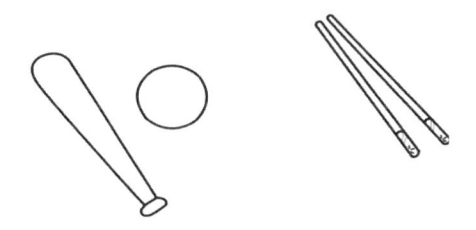

特殊意义：根据数字代表的特殊意义来进行图像联想。比如，24的编码是"闹钟"，因为一天有24小时，38的编码是"三八妇女节"，51的编码是五一劳动节，61的编码是儿童节等。

这100个编码对应的图像，基本上都是我们生活中常见的，如果有些编码你从来没见过或总是记不住，可以尝试着换成自己熟悉的（看见数字就联想到的图像）。但是，尽量不要大面积更换编码，先模仿再超越。

接下来，你可以每天记忆10~20个编码，带着你的家人或朋友一起挑战，互相考一考。良好的学习氛围可以促进记忆，还可以增进感情呢！

那么，如何记住这些编码呢？前文提到了，想象力很重要，在说到数字时，脑海中要有对应编码的清晰图像。而要做到这一点，有以下3个关键点。

熟悉：数字编码的图像最好是自己熟悉的。比如，05—手套，可以想象自己心爱的手套，因为人总是对自己熟悉的事物记得更快。

五感：调动你的视觉、听觉、嗅觉、味觉、触觉去感受每个编码。比如，01—树，看上去是绿色的（视觉），一阵风刮过来树叶哗啦啦地掉落（听觉），拿起一片树叶闻一闻（嗅觉），舔一舔（味觉），用手放在树干上摸一摸（触觉）。

当然，你不需要对每个编码都代入5种感受，但一个编码至少要代入两三种，这样，你才会发现编码不再是平面的图像，而是立体的、有生命力的。

抓特征：找到每个编码的特征点，更容易让图像铭记于心。比如，"13—医生"就可以直接出"听诊器"的图像，"34—绅士"就可以出"高高的礼帽"的图像，"51—工人"直接出"黄色安全帽"的图像。抓取特征给我们的大脑减轻了记忆和想象的负担。

告诉大家一个跟数字编码成为亲密朋友的秘诀：晚上躺在床上睡觉前，复习当天记忆的编码，每一个编码都仔仔细细回忆一遍，从视、听、嗅、味、触各个感官去完全感受编码。

第三节　抽象文字转图像

通过学习数字编码，我们已经初步懂得了"将抽象转化为形象"的技能，此后，我们就能将这一技能推广到文字记忆中。那么，文字应该如何转图像呢？

对于具象词语，我们不必特意运用技巧，因为它们自带图像和特征。比如，"鸡蛋""栏杆""松鼠""砂石"都能在现实中找到对应的物品图像。对于抽象词，比如，"强制""开心""提问""道德""输送"，我们就要用到谐音、代替和增减倒字三个技巧出图。

谐音："强制"，谐音想到"枪支"或者"墙纸"。

代替："开心"可以用笑脸图像代替；"提问"可以用一个问号代替，如果想再增加画面感，可以想象用手提着问号。

增减倒字：给需要记忆的词语增加或者减少一个字，或者将两个字倒过来，比如，"道德"增加一个字，想到《道德经》这本书；"输送"倒过来，转化为"送书"。

通过这3个技巧，我们就可以比较顺利地把不容易出图的文字转换成图像。注意：在学习的过程中要先理解，再去出图像，而且后期也要还原本来的文字，这才是完整的记忆过程。

我的个人建议是，当看到抽象词时，先考虑代替（包括象形代替、美食代替、特殊意义代替、特征代替等）和增减倒字（如，福利—福利彩票，信用—信用卡），因为这两种技巧一般不容易改变原来的意思，而谐音一般都会改变原意。

下面给出了3张训练表，你需要做的是，看见词语立马联想对应的图像，不用去记忆，只练习出图像的速度和清晰度。难度是一步步升级的，1组20个词，每天训练3~5组，1~2个星期后你会发现你的想象力插上了翅膀！

具象词训练表

问号	雪糕	列国	国王	白菜
信用卡	汽车	金子	山鹿	箱子
彩票	碗筷	茶几	围裙	靴子
轻舟	糯米	棺材	桥墩	拱门
穴位	铁丝	皮鞋	练习本	天鹅
足球队	嘴脸	接力棒	奖状	教科书
蜡烛	花园	奖杯	垃圾桶	人参
直尺	棉花	游乐场	面具	煤炭
专辑	加油站	白纸	保鲜膜	桔子
邮局	信箱	邮票	绒毛	衬衫
旗子	地毯	果脯	爪子	台阶
背包	水井	螺纹	小幅	面条
鸽子	欠条	辣椒酱	纱布	铜牌
黄豆	蒜头	盒饭	雷阵雨	除草剂
矿泉水	动脉血	大锅饭	地面水	化妆包
玻璃板	硅橡胶	变压器	纪念碑	残疾人
篮球架	暴风雪	水滴石穿	马丁靴	螳螂
月饼	大巴车	年糕	刀片	水彩颜料
直角	黄酒	赛车手	跳绳	盾牌
活蹦乱跳	瓷砖	赌钱	群岛	东北虎

抽象词训练表

阶级	凌乱	发布	自由	培养
联邦	分布	修理	昏暗	唯一
预算	因为	组成	无论如何	感悟
祥和	特定	既然	管理	内部
着手	勇敢	全部	财产	命令
恰当	请求	非凡	检索	能量
争取	条例	学术	幸运	经贸
庆祝	北方	独自	意志	趋势
误会	真实	借鉴	环境	悔意
浓缩	过程	权益	轨迹	参数
青春	逐渐	主见	自觉	公告
比如	强迫	文化	知道	损失
隐瞒	抱怨	配合	抒情	符合
忍受	简介	示范	政策性	正反面
群众	协议书	新社会	戏剧性	一等功
专业化	丰衣足食	共同奋斗	管理方式	粉饰太平
高人一等	挂念	成效	纲领	离开
速度	孤注一掷	全然不知	美观大方	栖身之地
普遍意义	牵强	符合	南征北战	轻重缓急
弄虚作假	却之不恭	矛盾加剧	如获至宝	平步青云

随机词语训练

暧昧	见面	漫天	纳闷	对偶
保全	北戴河	留守处	军事优势	注意
将军	自荐	远大	信服	双重身份
揭露	水利	侦察	指标	凌云壮志
环城公路	配置	挑衅	保密锁	毒瘾
老黄牛	废品	土壤	七上八下	云霞
贱卖	教学	立方米	腐蚀剂	抨击
制服	虎头蛇尾	索然无味	周年庆	保存实力
荧光粉	杂费	跳马	景德镇	露天煤矿
度量	斑岩	随遇而安	拮据	姿势
科学院	皮球	通货	思想感情	自信心
赶不上	零配件	建委	责问	碳化物
干燥机	酸甜苦辣	活动	自尊	壮族
中秋节	凸透镜	颠倒是非	跑偏	具备条件
元曲	巴西	服装节	经营权	接壤
眺望	婚姻自由	独辟蹊径	注重	半边天
发现	原子弹	松柏	睹物思人	杂货
任务	货币流通	欢天喜地	整洁	呕吐
是非	疗养院	倔头倔脑	月报	条纹衫
铁道兵	司机	印刷厂	接壤	平平无奇

章节重点

1. 提升记忆力的基础：想象力、观察力、注意力。

2. 可以借助数字编码来训练想象力。

3. 抽象文字转图像的关键是"鞋带增减（谐音、代替、增减倒字）"。

第三章
联想法：把零碎的信息串起来

CHAPTER 3

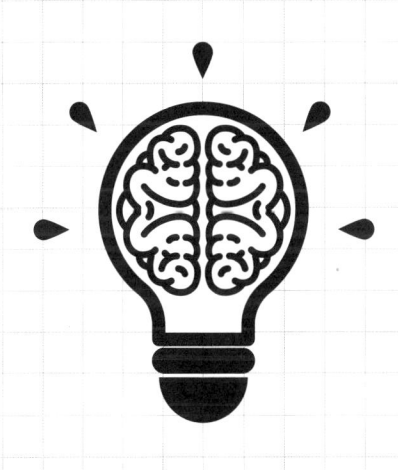

第一节 为什么要联想

联想是与生俱来的一种能力。大脑接收到声音、颜色、气味、触觉的刺激，都会引起联想。比如，看见红色想到"禁止"；看到绿色想起环保、森林；看到白鸽想到和平；看到老鼠想到猫；等等。

世间的万事万物都不是孤立存在的，各种事物之间都有着千丝万缕的联系。联想可以在信息与信息之间搭起桥梁，让回忆更加通畅。

我们时常需要记忆相互之间似乎没有什么联系的内容，比如，三十六计、56个民族、各个国家的国旗等。如果只是单独记忆其中之一，并不太困难，但若是要将全部内容一个不漏，甚至按照一定的顺序记下来，就显得很不容易了。联想就像钥匙环串起钥匙一般，可以串联起这些零碎的知识，让记忆和回忆都变得更轻松。

第二节　2个词语的联想训练

光说不练假把式，如何使用联想这一技巧来串联零碎知识呢？我们从最简单的2个词语联想开始。给自己1分钟的时间，用"石榴"和"油漆"进行联想，看看你能联想出多少种不同的方式。开始！

可以把你的想法写下来：

你可能联想到的是：

石榴剥开全是油漆；

在石榴上面刷油漆；

石榴籽全都变成了五颜六色的油漆色；

石榴榨出的汁水都是油漆。

这几种联想很有想象力，但还可以更生动。下面我们来看2个联想的技巧。

主动出击

比如，"大树"和"汽车"，可以想象大树倒下压住了汽车，或者汽车撞到大树树干上。

又如，"锄头"和"白蚁"，可以想象锄头把白蚁的窝挖烂了，成千上万的白蚁都跑出来了；也可以想象密密麻麻的白蚁爬满了锄头的手柄，让人毛骨悚然。

合二为一

两个事物组合在一起，可以变成一个新的东西，比如，如何对"青蛙"和"手机"进行联想呢？有2个学生的联想让我印象深刻：

学生A：因为妈妈很粗心，手机经常掉到地上，摔碎屏幕，所以可以发明一种手机，手机的外壳结合青蛙的弹跳能力，每次手机掉地上都可以自动弹跳回主人的手里。

学生B：自己很招蚊子咬，可以结合青蛙用舌头吃蚊子的特性，发明一种手机，只要蚊子靠近主人半米范围，就可以被手机感知，消灭蚊子。

不得不说，孩子们的创造力真是厉害！他们把两个事物的特性结合在一起，创造出新的事物，这就是运用了合二为一的技巧。

现在，我们再回头看"石榴"和"油漆"的联想案例，还可以变得更生动些吗？下面是一些参考：

石榴砸油漆桶，砸出了一个七彩的洞（因为油漆有各种各样的颜色）；

想象石榴变成石榴形状的炸弹，把油漆桶炸得油漆乱喷；

油漆的颜色想到彩虹桥，坐在彩虹桥上吃石榴；

想象一个油漆桶形状的石榴，剥开的石榴籽是各种各样颜色的，把石榴的籽都"刷"在墙上。

词语1	词语2	联想
足球	棒球	
医生	钥匙	
鹦鹉	香烟	

小贴士：联想不分对错，你只需要大胆地去想象就可以了。

以下是一些参考：

词语1	词语2	参考联想
足球	棒球	棒球的棒子插进足球，把足球插炸了；棒球飞出来的时候变成了一个炸弹，飞进了足球里面一起爆炸；由足球可以想到贝克汉姆，想象贝克汉姆厉害到可以一边踢足球，一边打棒球；把棒球的棒子和足球组合在一起，融合为一个足球棒棒糖。
医生	钥匙	钥匙插进了医生的白大褂里；医生拿着钥匙开门；钥匙变成针头，医生拿着针头去打针；钥匙想到了门，医生被夹在门缝动弹不得；医生随身携带的钥匙既可以开门，又可以给病人打针。
鹦鹉	香烟	鹦鹉爪子抓着香烟；鹦鹉抽着香烟；想象香烟变成一团火，把鹦鹉烧得光秃秃；由鹦鹉想到了鸟笼，想象鸟笼的笼竿都是一根根的香烟；香烟的烟嘴变成了鹦鹉的嘴（鹦鹉牌香烟）。

第三节　多个词语的联想

5个词语联想练习

请对下面5个词语进行联想，联想的时候要注意它们的顺序：

词语	联想
三角板 旧旗 石山 奥运会 棒球	

再读一遍你的联想内容，然后遮住词语和联想，尝试按照顺序回忆这5个词语。你可以想起来吗？

033

下面，再来看看关于这5个词语的联想参考。

词语	参考联想
三角板 旧旗 石山 奥运会 棒球	**三角板**划破了一面**旧旗**子，旧旗插到**石山**的顶峰，石山对面正在举行**奥运会**，奥运会场上选手们正在比赛打**棒球**。

认真看完联想参考，并且在脑海中想象画面之后，再尝试按照顺序回忆这5个词语。你可以想起来吗？比较你的联想内容和参考联想内容，想一想什么样的联想更有助于你记住词语。

下面，我们来做几组训练。请你准备一个秒表，记录下联想完成并回忆出一组词语的时间。

小贴士：联想的目的是记住词语，一定要在保证准确率的基础上再追求联想记忆的速度。

小练习

词语	联想	记忆时间	正确率
尾巴 妇女 山虎 蝌蚪 工人			
溜冰鞋 鹦鹉 仪器 酒吧 白蚁			
钥匙 三言两语 儿童 加湿器 嫦娥			
武术 别墅 葫芦 主子 暗自窃喜			
演说家 徒步 明显 腰包 八卦			
铺天盖地 蘑菇 冥想 蝌蚪 心事			
印度 旧伞 一蹶不振 爱心 李白			

续表

词语	联想	记忆时间	正确率
大脑 鼠标 堵车 垃圾 能源			
被子 蜗牛 发奋图强 白纸 线头			
暖水袋 湖边 便利店 秋高气爽 青蛙			

10个词语联想练习

如果你可以在20秒内记忆5个词语，就可以进阶到10个词语的联想了。10个词语的联想难度较高，因为超过7个信息。山顶的景色固然美，但爬山的过程是艰辛的，普通人在半山腰就放弃了，缺乏坚持的精神，加油，我相信你！

请对下面10个词语进行联想记忆，用秒表计时；

词语	联想	记忆时间	正确率
蚊子 水井 大雾 庄稼 饺子 救援 电视 高科技 马路 勤奋			

同样地，请看看联想参考，并且思考一下自己的联想有哪些优点和不足。

词语	参考联想
蚊子 水井 大雾 庄稼 饺子 救援 电视 高科技 马路 勤奋	**蚊子**掉到**水井**里，水井里起了**大雾**，大雾中农民伯伯打理**庄稼**，顾不上吃**饺子**，饿昏了倒在地里，打了**救援**电话，**电视**里正在为一个**高科技**产品打广告，说可以让**马路**上**勤奋**工作的清洁工节约很多时间。

当词语增加到10个，联想的时候你可能有这样的感受：有点紧张，想快速记住（尤其是用秒表计时的情况下）。记到一半又担心前面的忘了，想着要不要先回去复习一下，再往后记忆，但又担心时间花得太多。还有一些抽象的词

035

语半天转换不出图像……这样的心理是正常的。

出现问题的时候不要着急，认真想清楚每个联想的细节，每个图像出清晰，不要为了追求速度而忽略了联想的质量。除此之外，保持平稳心态，匀速记忆也很重要，不能太快，也不能太慢，在练习的过程中慢慢找到适合自己的节奏！

小练习

词语	联想	记忆时间	正确率
插座 门缝 灰姑娘 彩色笔 太阳 明朝 地板 金碧辉煌 重生 偶遇			
明星 朝霞 土豆 十面埋伏 桥梁 和谐 头发 佳偶 陌生 表情			
周末 时尚 摇头晃脑 灯 毛毛虫 豆腐 笑里藏刀 绿树 健身 蝴蝶犬			
发丝 矛盾 对联 农家小院 榴莲 杯中酒 爱莫能助 少年 衣柜 鸭子			
不拘一格 风水 香烟 购物 方案 老年 巴黎铁塔 地震 旅客 墨水			
三心二意 森林 德芙 货物 缘分 火车 羊肉 磨合 沙漏 大男人			

续表

词语	联想	记忆时间	正确率
春风 风度 蚊虫 大叔 条例 地铁 降火 徒步旅行 朝拜 记者			
回家 手脚僵硬 遥控器 参考书 沙子 偶像 财务 杂志 别扭 暗度陈仓			
建设 花园 朝气蓬勃 尴尬 新华字典 生活 泥潭 一字千金 众生 机器人			
矿泉水 无助 诗词 城池 思华 珍珠 感激 比赛 万马奔腾 大树			

20个词语联想练习

如果你可以在1分钟内记忆10个词语，就可以进阶到20个词语的联想了。同样地，一定要在保证准确率的基础上再追求联想记忆的速度。

词语	联想	记忆时间	正确率
夜宵 雷阵雨 笑脸 高铁 蓬松 青年 专柜 僻静 碌碌 无为 队伍 圆桌 滋味 圆规 降温 独立 听课 掌柜 把手 联络员 法宝			

037

续表

词语	联想	记忆时间	正确率
小说 司机 摘花 振作 快递 岩石 软糖 臭小子 流量 双胞胎 素质 生肖 相声 雪中送炭 酸甜苦辣 苦瓜 邮寄 热气球 安全帽 果核			
母女 创造 结局 生姜 祖师爷 富贵花开 医院 争相抢购 屁股 保守 司令 邻居 脚脉动 芳香 试卷 整齐 年长 网络 脾气			
天气 鸭蛋 四季 团结 造车 花草树木 跋涉 泥鳅 交接 公交车 超市 手表 积极意义 立方米 太阳 通电 天然气 土地 颜色 侧身			
租界 专柜 优势 方针 停薪留职 邮差 水深火热 自己 掌控 灵机一动 保安 包头 早熟 包租婆 诗佛 叶子 中文系 主持 危险 紫薇			
照耀 地球 家长 保险 白鹿 停电 有机体 不相上下 法国 苹果 别出心裁 波光 胶水 赚钱 短裤 时尚 福利 炮弹 主持 做梦			
松鼠搬家 闭眼 保护区 端庄 佩奇 规矩 地震 生龙活虎 商人 姑姑 平等 自由 碰见 六神无主 花椒 铁拳 自导自演 雌雄 破产			

续表

词语	联想	记忆时间	正确率
云南 天使 不相上下 酸辣粉 字典 红薯 一颗 转让 状元 酱油 保姆 火上浇油 电话 会议 真金白银 游泳 独自 十一 石油 科学院士 平凡			
八面玲珑 铁塔 锅盖 凹透镜 百分率 健将 招揽 竹子 画画 裁判 贫寒 原料 眼镜 披萨 章鱼 珍珠 湖面 地质 年代 污染 发芽			
可怜 庄稼 习惯 阔太太 机械 办事 不修边幅 白菜 领导 水滴 智能 黑漆漆 二师兄 交谈 山东 指纹 菊花 赛事 情不自禁 楼房			

第四节 配对联想的应用

在生活和学习中，许多资料是成对出现的，此时，我们就可以采用2个词语联想配对的方法记忆。比如，人名和面孔、诗人与朝代、作家和作品、山峰和高度、地区和气候、省份和简称、历史年代和事件、十二地支和十二生肖，等等。具体步骤如下：

出图：分别把2个信息转化成图像，不能直接转化出图的信息，要运用前面学习的"鞋带增减"（谐音、代替、增减倒字）技巧进行出图。

联结：把两个图像信息联系起来，联结的时候尽量做到简洁、有趣、生动。

复习： 闭眼回忆联结2个信息。

记忆12位诗人的称号

诗人	称号	联想
李白	诗仙	
杜甫	诗圣	
陈子昂	诗骨	
王勃	诗杰	
贺知章	诗狂	
孟郊	诗囚	
王维	诗佛	
白居易	诗魔	
苏东坡	诗神	
刘禹锡	诗豪	

下面是联想参考：

诗人	称号	参考联想
李白	诗仙	李白写的诗都很浪漫，他喜欢穿着一身白色的衣服，仙（诗仙）气飘飘的。
杜甫	诗圣	杜甫忧国忧民，但他很穷，每天只能吃剩（圣）下来的豆腐。
陈子昂	诗骨	一个橙子昂起头（陈子昂），嘴里吊着一根骨头（诗骨）。
王勃	诗杰	姐姐（杰）送了小王子一个菠（勃）萝。
贺知章	诗狂	在祝贺别人的请柬纸张（贺知章）上写狂草字体（诗狂）。
孟郊	诗囚	囚犯（诗囚）做梦都在郊外逃窜（孟郊）。
王维	诗佛	如来佛祖（诗佛）带上了围巾（维）。

续表

诗人	称号	参考联想
白居易	诗魔	想要玩好魔方（诗魔）真的很不容易啊（易）。
苏东坡	诗神	东坡肉（苏东坡）真是永远的神（诗神）。
刘禹锡	诗豪	为了吃生蚝（诗豪），不惜把皇上的玉玺（禹锡）都给卖了。

请你蒙住上面的内容，尝试一下回忆诗人与称号之间的对应关系吧！

诗人	李白			王勃			王维		苏东坡	刘禹锡
称号		诗圣	诗骨		诗狂	诗囚		诗魔		

记忆文学中的"第一"

信息1	信息2	联想
第一位女诗人	蔡琰（文姬）	
第一部纪传体通史	《史记》	
第一部词典	《尔雅》	
第一部大百科全书	《永乐大典》	
第一部文选	《昭明文选》	
第一部诗歌总集	《诗经》	
第一部散文集	《尚书》	
第一部字典	《说文解字》	

下面是联想参考：

信息1	信息2	参考联想
第一位女诗人	蔡琰（文姬）	第一位女诗人做菜喜欢放很多盐。
第一部纪传体通史	《史记》	一只鸡转了转身体，就拉屎了。
第一部词典	《尔雅》	一位耳聋口哑的人翻看词典学习口语。
第一部大百科全书	《永乐大典》	喝了加大版的百事可乐，就可以永远快乐。

续表

信息1	信息2	参考联想
第一部文选	《昭明文选》	蚊子都会飞向照明强的地方。
第一部诗歌总集	《诗经》	把诗的精华都集合到一起。
第一部散文集	《尚书》	出去散步的时候写了一篇文章，没想到还登上了书刊杂志。
第一部字典	《说文解字》	第一本字典就是用来解说文字的。

请你蒙住上面的内容，测试一下自己的记忆准确率吧！

信息1	信息2
第一位女诗人	
第一部纪传体通史	
第一部词典	
第一部大百科全书	
第一部文选	
第一部诗歌总集	
第一部散文集	
第一部字典	

记忆十二地支和十二生肖

十二地支	十二生肖	联想
子	鼠	
丑	牛	
寅	虎	
卯	兔	
辰	龙	

续表

十二地支	十二生肖	联想
巳	蛇	
午	马	
未	羊	
申	猴	
酉	鸡	
戌	狗	
亥	猪	

联想参考：

地支和生肖	转化的图像	参考联想
子—鼠	"紫薯"	可以想象一个紫薯。
丑—牛	"丑牛"	有一头牛长得太丑（眼睛和牛角很小），农夫们都嫌弃它。
寅—虎	"银虎"	属虎的人家里都有一尊用银子打造的老虎雕像。
卯—兔	"帽兔"	成都人爱吃兔子，都用帽子去抓兔子，一盖一个准。
辰—龙	"乘龙"	你每天乘坐的公交车变成一条飞舞的龙，把你吓得半死。
巳—蛇	"四脚蛇"	所有的蛇都变异，长出来4只脚（像壁虎）。
午—马	"跳舞的马"	马场里的马一听到音乐就会跳舞。
未—羊	"喂羊"	每天都需要把羊赶到山坡上，喂它们吃草。
申—猴	"生猴"	每天嚷嚷着要"给你生猴子"。
酉—鸡	"邮寄"	给你邮寄一只鸡吃。
戌—狗	"嘘！狗！"	"嘘"，小声点，小心有恶狗出没！
亥—猪	"海猪"	海里面的动物都变成了猪。

请你蒙住上面的内容，测试一下自己的记忆准确率吧！

十二地支	十二生肖
子	
丑	
	虎
	兔
辰	
	蛇
午	
未	
	猴
	鸡
戌	狗
亥	猪

记忆选择填空题

1. 造纸术是中国四大发明之一，东汉所造纸张中有造纸术发明家命名的"蔡侯纸"，蔡侯是（　　）。

　　A.蔡襄　　　　　　B.蔡伦　　　　　　C.蔡沈　　　　　　D.蔡邕

　　记忆思路：将题目中的"蔡侯纸"联想成吃菜的猴子，答案B"蔡伦"联想成菜和轮胎；想象一只猴子每天吃很多菜，菜都要用轮胎很大的车才能运输过来。

2. 下列选项中，被后世尊为中国农耕和医药始祖的是（　　）。

　　A.神农氏　　　　　B.伏羲氏　　　　　C.燧人氏　　　　　D.有巢氏

　　记忆思路：题目中的农耕就可以联想到锄头，医药就可以联想到打针，答案A"神农氏"就可以联想到生龙活虎的样子；想象一个人被锄头弄伤，但打针之后就变得生龙活虎了。

3. 建立系统论的科学家是（　　　）。

A.贝塔朗菲　　　　B.维纳　　　　　C.香农　　　　　D.普里戈金

记忆思路：题目中的"系统论"可以联想为"洗桶"，答案A"贝塔郎菲"可以谐音成"被他浪费"，想象在洗桶的时候被他浪费了很多水。

4. 流体的黏性与流体的（　　　）无关。

A.分子内聚力　　　B.分子动量交换　　C.温度　　　　　D.速度梯度

记忆思路：题目中的"流体的黏性"可以联想到鼻涕，答案D"速度梯度"可以联想到流鼻涕的速度，想象我们鼻涕的黏度和鼻涕流出来的速度是没有关系的。

第五节　故事联想的应用

前面我们讲了2个信息可以用配对联想法连接。遇到多个信息需要记忆的时候，我们可以采取故事联想法。

编故事的过程就是创造的过程，过程中你就是导演，情节如何编排，起承转合如何衔接，都要经过你精心的设计。在运用故事法记忆的时候，最好把自己当成故事中的人物，跟你希望记住的信息联系起来，身临其境去感受故事中的细节。

记忆文学常识

主题	内容	故事法记忆
科举考试	院试、乡试、会试、殿试	祝愿乡亲们有一天会跟殿下见面，诉说自己参加科举考试的心路历程。

续表

主题	内容	故事法记忆
汉字的演变过程	甲骨文—金文—小篆—隶书—草书—楷书—行书	假的金子和钻石被奴隶偷走,在草地里开车逃跑,真行!
元曲四大家	关汉卿、马致远、白朴、郑光祖	提取关键字"汉""马""白""光祖",然后编故事:光宗耀祖的汉子骑着一匹白马。
元杂剧四大爱情剧	《西厢记》《墙头马上》《拜月亭》《倩女离魂》	马上在墙头把装西瓜的箱子搬过来,我们要用西瓜祭拜月亮,这样有钱的女人就不会离婚了。
北宋文坛四大家	王安石、欧阳修、苏轼、黄庭坚	黄色的亭子并不坚固,栏杆断了,于是请来欧阳修理亭子,修完之后安心坐在石头上吃起了白送(北宋)来的东坡肉。
初唐四杰	王勃、杨炯、卢照邻、骆宾王	骆驼照镜子看见了一只羊,羊的脖子上还绑着一颗刚刚出炉的糖果。

故事联想法要遵循4个原则:

简单:故事内容不是越多越好,跟关键信息无关的就不要加进故事里。如果不简单,那么后期在回忆故事情节时候,过多信息的干扰会导致记忆不准确。

有趣:好玩。

生动:呆板的内容是不会激起大脑的兴趣的,所以尽量让你的故事充满生气和活力。想想如果有一天你走进教室看见所有人坐着的不是椅子,而是一头头张大嘴巴嗷嗷叫的小牛,是不是更有趣、好玩、印象深刻呢?

形象:形象的图像感是非常重要的。

记忆文科知识

主题	内容	提取关键信息转成图像	故事联想
影响海水温度的因素	太阳辐射、蒸发、洋流	太阳辐射:太阳;蒸发:海里的水分蒸发出去;洋流:谐音"羊牛",想象羊肉串、牛肉串。	你躺在海边,晒着太阳蒸发身上的水分,还啃着羊牛肉串。

续表

主题	内容	提取关键信息转成图像	故事联想
亚、欧分界线	乌拉尔山脉—乌拉尔河—里海—大高加索山脉—黑海—土耳其海峡（沟通黑海和地中海）	亚欧：鸭子和海鸥； 乌拉尔山脉、乌拉尔河：两只乌龟； 里海：海里； 大高加索山脉：搭乐高； 黑海：黑色； 土耳其海峡：土地。	鸭子和海鸥在水里比赛，遇到两只乌龟在海里搭乐高，搭完就爬上了黑土地。

下面请你自己试试用故事联想法来记忆。

主题	内容	提取关键信息转成图像	故事联想
公民人身权利的内容	生命健康权、肖像权、名誉权、荣誉权、姓名权、隐私权		

你能顺利回忆起所记内容吗？请写在下方的横线上：

_____
_____
_____
_____
_____

如果你还找不到灵感，可以看看下面的联想参考：

主题	内容	提取关键信息转成图像	故事联想
公民人身权利的内容	生命健康权、肖像权、名誉权、荣誉权、姓名权、隐私权	生命健康权：提取"生"，谐音想到"绳子"； 肖像权：谐音可以想到"小象"； 名誉和荣誉：可以想到两块"玉"； 姓名权：提取关键字"姓"，可以谐音想到"心"； 隐私权：提取关键字"隐"，谐音想到"银子"。	你身上绑着一根绳子，绳子上牵着小象，小象的双脚踩着两块玉，玉飞进了心里，心里跳出很多银子。

章节重点

1. 两个信息的记忆可以采取配对联想法。
2. 多个信息的记忆可以采取故事联想法。

第四章
歌诀法：让知识朗朗上口

CHAPTER 4

第一节 认识歌诀法

歌诀包括歌谣、口诀和顺口溜等,因为歌诀具有韵律和趣味,朗朗上口,所以便于记忆。我们小时候学拼音字母的时候,老师会声情并茂地带着我们读:"张大嘴巴aaa,公鸡打鸣ooo,水中倒影eee……"这比简单地死记硬背多了更多趣味性。

比如,小学课本上的《二十四节气歌》:

> 春雨惊春清谷天,
> 夏满芒夏暑连天。
> 秋处露秋寒霜降,
> 冬雪雪天小大寒。

在日常生活和学习中,还有许许多多传唱广泛的歌诀,它们适合口耳相传,即使是不识字的孩童和老人也能通过这些歌诀,记住大量的常识与典故。

不过,歌诀法也存在一定的缺陷——对于尚未被编成歌诀的内容,若要使用歌诀法来记忆,需要花费一定的时间来思考如何更朗朗上口。若是编得不好、不全,记忆就容易出现错漏。在本章中,我们就来学习如何使用歌诀法来记忆古典名著和历史朝代。

第二节　记忆19部古典名著

内容	提取关键词	歌诀
《东周列国志》《西游记》	"东西"	
《三国演义》《水浒传》	"三水"	
《桃花扇》《红楼梦》	"桃花红"	
《官场现形记》	"官场"	
《儒林外史》	"儒林"	
《金瓶梅》	"金瓶"	东西三水桃花红，官场儒林爱金瓶。三言二拍赞今古，聊斋史书西厢镜。
《喻世明言》《警世通言》《醒世恒言》	"三言"	
《初刻拍案惊奇》《二刻拍案惊奇》	"二拍"	
《今古奇观》	"今古"	
《聊斋志异》	"聊斋"	
《史记》	"史书"	
《西厢记》《镜花缘》	"西厢镜"	

记住了吗？请在下方横线上默写出这19部古典名著吧！

_____

_____

_____

第三节　记忆历史朝代

歌诀法还可以与抽象转形象、故事联想法综合使用，大幅提高记忆效率。

中国上下五千年，朝代更迭，兴衰更替。为了更好地学习历史，我们有必要记住朝代的名称和顺序。在课本中，我们曾学过这样一首歌诀：

夏商与西周，东周分两段；

春秋和战国，一统秦两汉；

三分魏蜀吴，二晋前后沿；

南北朝并立，隋唐五代传；

宋元明清后，皇朝至此完。

现在，我们尝试着综合使用抽象转形象、故事联想法，编写自己的歌诀，来记住中国历史朝代：

瞎商周春秋，站在琴上，汗衫浸男背；

谁躺屋里在背诵，今送院；

明星民众。

这一歌诀如何理解记忆呢？

有一个瞎子是商人，名字叫周春秋，他站在一把琴上，身上的汗衫浸透了这个男人的背。

（瞎商周春秋，站在琴上，汗衫浸男背。）

这时突然他听到一阵书声，心想："是谁躺在屋里在背诵呢？疯了吗？我今天就要把他送到医院去。

（谁躺屋里在背诵，今送院。）

在医院看见了明星，民众包围着他。

（明星民众。）

如此，我们就记住了夏、商、周、春秋、战国、秦、汉、三国、晋、南北朝、隋、唐、五代十国、辽、北宋、金、南宋、元、明、清、民国、中华人民共和国。

章节重点

1. 歌诀法是把要记忆的内容变成有韵律的口诀，采取的一般都是谐音法。
2. 歌诀法可以与抽象转形象、故事联想法综合使用，提高记忆效率。

第五章
绘图法：让知识跃然纸上

CHAPTER 5

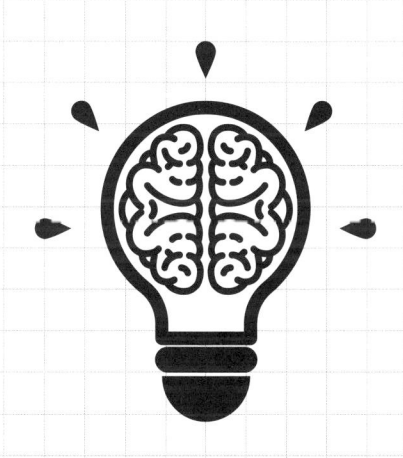

第一节　认识绘图法

我想,大部分人都有过这样的感觉:过去书本上学过的知识,具体的文字描述已经难以记起了,但是书上的插图还印象深刻。比如,初中生物书上那位肌肉发达的女人、语文课本上的杜甫和鲁迅形象……当我接触了记忆法之后,我才恍然大悟,原来,这就是图像的魅力。

在本书第二章,我们通过学习数字编码,领悟到了想象力和抽象转形象的重要作用。但是,我们对"形象"的了解还不够深刻。相比于在脑中描摹的画面,现实中存在的形象,尤其是自己动手画出的形象更能深入人心。绘图法正是利用了这一原理,将"抽象转形象",将心中所思所想落于笔尖,跃然纸上。本章,我们就一起来学习,如何使用绘图法记忆古诗、古文和成人考试中的知识点。

第二节 记忆古诗

仔细看看下面的图,你能猜出这画的是哪一首古诗吗?

是的,这幅画画的是李白的《赠汪伦》。

赠汪伦

[唐]李白

李白乘舟将欲行,忽闻岸上踏歌声。

桃花潭水深千尺,不及汪伦送我情。

古诗是一种传统的文学形式,其多用"起行"的表现手法,由外界环境触发诗兴文思,因此多带有"意境",容易联想出画面。由于这种特质,绘图法十分适合用于记忆古诗。那么,具体来说,如何使用绘图法来记忆古诗呢?我们需要遵循以下四个步骤:

通读理解

通读全诗,理解诗词的意思,以及诗人写这首诗的背景和要表达的思想感情。如果通过通读理解已经可以把诗词背出来,就不需要使用绘图法了;如果还是无法记住,就可以接着做下面两步,加深印象。但无论是否使用绘图法,都不能忘记科学复习。

提取转化

提取是指提取关键词，而转化是指抽象转形象。有一些词是抽象的，不好出图，就需要用抽象转形象的方法，比如，"汪伦"这个名字，就可以转化成"网"和"轮胎"。

连接回归

画完整首诗之后，看着你画的简图，尝试背出全诗的内容。如果可以做到，就把简图盖上，看是否还能背出全诗。有地方卡住，说明记忆得不够深刻，可以改变卡住的那个字词的图像，以加深印象。

科学复习

遗忘是不可避免的，无论你一开始记得多么清楚，都需要科学复习。

要记住，我们画图是为了辅助记忆，只需要把一些阻碍我们记忆的字词表达出来，不需要追求完美。在我的教学过程中，低年级的孩子最喜欢用绘图法来记忆古诗，快的一两分钟就可以记忆一首古诗。有时候，我拿起他们的图画，都不知道画的是什么，但他们却可以绘声绘色地说明给我听，并且能把诗一字不落地背下来。

此外，我们在使用绘图法记忆古诗的时候，可以暂时不用上色，避免浪费时间。如果时间比较多，可以完善颜色和图，以使后期复习更加方便。

大家可以先从简单的诗入手，练习一下绘图法：

寻隐者不遇

［唐］贾岛

松下问童子，言师采药去。

只在此山中，云深不知处。

请在下面的框中画出你对这首诗的理解吧！

下面是一个参考：

第三节　记忆古文

绘图法还包括思维导图法。思维导图是一种应用广泛的思维工具，它可以帮助我们整理思路，从而更加高效地记忆。在记忆篇幅较长、内容较复杂的古文时，思维导图是一种很有效的工具。

思维导图的绘画顺序是，先确定中心，再确定主干，最后确定分支和具体细节。

本节，我们以《道德经》的第一章为例，讲述如何使用思维导图法来记忆古文。

确定中心

《道德经》的作者是老子，所以中心可以画一个经典的带着葫芦的老子的卡通形象。

确定主干

《道德经》的第一章为：

道可道，非常道；名可名，非常名。

> 无名，天地之始，有名，万物之母。
> 故常无欲，以观其妙，常有欲，以观其徼。
> 此两者，同出而异名，同谓之玄，玄之又玄，众妙之门。

它可以分为4句，所以安排出4条主干。死记硬背，是吃力不讨好的，我们使用绘图法记忆古文，需要先理解古文的意义。

第一句：道这个东西是可以用语言来说一通的，但说一通的道与世间本来存在的那个道不是一回事。名称、概念是可以解释的，但这种解释与它背后所指事物的丰富内涵也不是一回事。

第二句："无"，可以解释为事物的初始状态。"有"，可以解释为事物的原因或母体。

第三句：但"无"的深层含义是要人们把关注点放在事物的细微精致之处，而"有"的深层含义是要人们把关注点放在事物的整体框架方面。

第四句："无"也好，"有"也好，其实说的是同一件事情，由于着眼点不同，才有不同的说法。这种从不同着眼点看事情的方法就叫作"玄"。反反复复地从不同着眼点看事情，这是认知万事万物的根本法门。

提取关键词，抽象转形象

在通读理解古文的意思的基础上，提取出关键词，并且将抽象的词转化为具体的形象。

原文	提取关键词，抽象转形象
道可道，非常道；名可名，非常名。	"可"就是对的； "非常道"中的"非"表示否定，用符号×表示； "道"谐音"倒"，画一个不倒翁； "名"谐音"明"，画一个太阳作为记忆线索。
无名，天地之始，有名，万物之母。	化繁为简，提取共同点："……名，……之……"； "天地"用云和小草表示； "万物之母"用英语"all mum"（所有的母亲）来表示。

续表

原文	提取关键词，抽象转形象
故常无欲，以观其妙，常有欲，以观其徼。	"欲"谐音"鱼"；"妙"谐音"猫"，想象有一条鱼在观察猫；"徼"字比较难记，它的意思是发出声响，谐音为"叫"，所以可以用一个小喇叭来表示。
此两者，同出而异名，同谓之玄，玄之又玄，众妙之门。	"此两者"指的是"无"和"有"，用阴影和空白表示；"众妙"在"门"中，想象为"猫"在"门"中。

如此，我们就可以绘制出《道德经》第一章的思维导图了，如下所示：

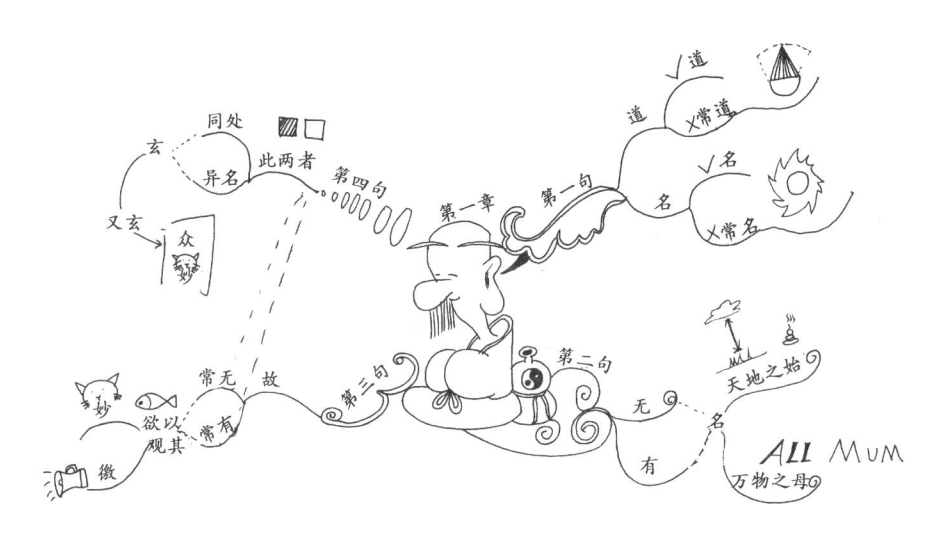

第四节　成人考试中的知识点记忆

在资格证考试中，一般都需要记忆大量的零散知识点，绘图法也能帮上忙。我们以教师资格证考试的一个知识点为例，讲述如何使用绘图法来记忆成人考试中的知识。

教育对文化的作用：

教育具有传递、保存文化的作用（传递功能）；

教育具有传播、交流文化的作用（融合功能）；

教育具有选择、提升文化的作用（选择功能）；

教育具有更新、创造文化的作用（创造功能）。

这个知识点可以概括为四个关键词："传递""融合""选择"和"创造"。

我们可以想象一个场景：别人递给你一本书（"传递"），让你看。你一把接过书后，立马合上（"融合"），然后扔掉，去书柜挑选另外一本书（"选择"），结果发现书柜上没有你要的，就只好自己去写一本（"创造"）。

将这一场景画成四格漫画：

盖上原文，看着漫画回忆一下关键词，然后盖上漫画，再回忆一下关键词。如何，你记住这个知识点了吗？资格证考试大多不需要原原本本地记住参考书中的遣词造句，只需要记住关键的知识点。用绘图法来提取记忆成人考试中的知识点，能够大幅提高记忆效率。

章节重点

1. 绘图法的重点不在于好看,在于对自己实用,能记住就行。

2. 绘图时,看到抽象字词,需要抽象转形象(鞋带增减)。

3. 刚开始速度可能还不如死记硬背,只要多练习,就会越来越好。

第六章
拆分法：牢记英语单词
CHAPTER 6

第一节　认识拆分法

从小学到大学，甚至到进入社会，我们都逃不开英语学习，而学习英语就免不了要记忆单词。你一定见过班级、公园、地铁上刻苦背诵英语单词的学生，如小和尚念经一般重复着一个又一个单词的拼写："bamboo竹子，b-a-m-b-o-o，b-a-m-b-o-o，b-a-m-b-o-o，bamboo竹子；interesting有趣的，i-n-t-e-r-e-s-t-i-n-g，i-n-t-e-r-e-s-t-i-n-g，i-n-t-e-r-e-s-t-i-n-g，有趣的……"背的人感觉辛苦，听的人感觉烦躁，但最后的结果往往是背了就忘，还容易发生错漏，白白用功。

其实，记忆单词是有更加高效的方法的，那就是拆分法。它分为：一级编码拆分、二级编码拆分，以及词根词缀法。

具体来说，一级编码拆分就是将每个字母转化为一个形象编码，然后把单词联想成所包含的字母形象构成的故事或图像；二级编码拆分是将伴随出现频率很高的2个字母联合转化为一个形象编码，然后再把单词联想成故事或图像；词根词缀法则是以一些本身具有意义的词根和词缀作为拆分单元，帮助记忆。

下面我们先来看看一级编码表：

字母	编码	字母	编码	字母	编码	字母	编码	字母	编码
a	苹果	e	鹅	i	蜡烛	m	麦当劳	q	企鹅
b	笔	f	斧头	j	钩子	n	门	r	小草
d	笛子	g	鸽子	k	机关枪	o	鸡蛋	s	蛇
e	鹅	h	椅子	l	棍子	p	皮鞋	t	伞

续表

字母	编码	字母	编码	字母	编码	字母	编码	字母	编码
u	水杯	w	王冠	y	晾衣架				
v	漏斗	x	剪刀	z	闪电				

有必要强调一下，上面给出的编码只是参考，大家可以根据自己的理解，积累创造属于自己的编码。适合自己的才是最好的。你对编码越熟悉，积累的编码越多，你就越能快速拆分单词，记忆效率也能大大提升。

再来看一下二级编码表，表中出现的字母组合出现的频率比较高，但是并不能概括全部的情况，在使用这一编码表来记忆时，你同样可以修改使用得不顺手的编码，还可以增加新的编码。

字母组合	编码	字母组合	编码	字母组合	编码	字母组合	编码	字母组合	编码
ab	阿爸	du	堵车	hy	火焰	mt	馒头	rt	人头
ac	米兰	di	滴滴	ho	猴子	ing	鹰	ry	人鱼
ad	阿迪	er	儿子	ht	核桃	ne	哪吒	ary	矮人鱼
ar	爱人	ele	大象	hu	胡子	nu	奴才	st	石头
ap	阿婆	cc	眼睛	ja	家	op	藕片	su	苏东坡
ba	霸王	et	外星人	je	饥饿	or	猿人	sp	视频
be	bee蜜蜂	en	摁	ju	橘子	ot	呕吐	sc	蔬菜
br	病人	fa	发财	jo	玩笑	ou	海鸥	sl	山鹿
bl	玻璃	fr	富人	ka	卡片	pr	仆人	th	天河机场
bu	布	fu	乐符	la	辣椒	pt	葡萄	ta	塔
ca	橡皮擦	fi	飞	le	可乐	pa	耙耙柑	ty	太阳
ce	厕所	fl	凤梨	lu	梅花鹿	pe	皮衣	tion	神
ch	彩虹	gr	工人	lf	楼房	po	破	wa	蛙
cl	窗帘	ght	桂花糖	li	板栗	qu	蛐蛐	wl	武林
ck	刺客	ge	哥哥	ma	妈妈	ri	日历	yu	鱼
da	妲己	gh	桂花	mu	木头	ru	乳液		
dy	电影	ga	鸭子	ment	门童	rs	肉丝		
dr	敌人	ha	笑脸	mb	面包	re	热闹		

第二节　单词拆分法训练

拆分法记忆四步骤

第一步：通读理解。先读3遍单词，理解中文意思。如果可以根据自然拼读法或者你平时的学习方法记下来，就不需要使用拆分法。

第二步：提取转化。把单词拆分成熟悉的部分。注意：拆分的时候，先找单词中熟悉的小单词，再找可能存在的拼音、词根词缀，最后再找二级编码和一级编码，拆分的部分越少越好。

第三步：连结回归。把拆分的几个部分按照顺序和中文意思联结成一个故事进行记忆。

第四步：科学复习。根据科学的复习周期，进行复习。

例如，abroad（出国，在国外）这个单词可以拆分为"ab"和"road"两个部分，"ab"的编码为"阿爸"，"road"是一个熟悉的小单词，意思是"路"。把两个部分联结起来，与单词的中文意思编成一个故事：阿爸在出国的路上。这样，我们就记住了abroad（出国，在国外）这个单词。

小练习

请用秒表计时，试试看你需要多久才能记住下面的10个单词。

单词	拆分	联想
angel天使	ang昂着头+el二楼	昂着头的天使到了二楼。
tame驯服的	ta他+me我	他是我驯服的。
thunder打雷	th天河+under在……下面	武汉天河机场下面在打雷，有人吓得吼出声音。
bamboo竹子	ba爸爸+m麦当劳+boo数字600	爸爸去麦当劳买了600根竹子。
glove手套	g哥哥+love爱	哥哥给心爱的女孩子送了手套。
penguin企鹅	peng朋友+u水杯+in里面	朋友把企鹅养在水杯里。

续表

单词	拆分	联想
bandage绷带	ban扮演+dage大哥	玩耍的时候，扮演大哥的人全身缠满了绷带。
dispose处置，解决	dis的士+po破+se颜色	的士破得连颜色都掉了，就扔到废品站处置了。
split劈开，割裂	sp视频+li梨子+t雨伞	视频里播放着一个梨子把雨伞劈开的画面。
blast爆炸	bl玻璃+a一个+st石头	玻璃里有一个石头爆炸了。

尝试回忆一下：

意思	绷带	劈开，割裂	爆炸	企鹅	天使
单词					
意思	打雷	驯服的	竹子	手套	处置，解决
单词					

记忆时间：_____ 正确率：_____

注意事项

●计时。进行任何记忆训练，一定要把控时间，给自己设定目标，同时量化自己的进步，从而积累自信心。

●科学复习。根据艾宾浩斯遗忘曲线，科学地复习。每次记忆的单词不要太多，贪吃嚼不烂。记忆完一个单元单词的1个小时后、当晚、1天后、3天后、1周后、半个月后，分别复习一次，并进行自我检测。对于时常记错或想不起来的单词，可以重新拆分、出图，着重记忆。

●独立思考。一定要自己动脑筋进行拆分，即使是看记忆书籍里的联想参考，也要思考单词拆分是否适合，联想的故事是否好记。如果只是拿来主义，方法永远不会内化成为自己的能力。

●习惯总结。每次复习完，找找自己记得快、记得牢的部分，总结成功经验;也要想想记得慢、忘得快的部分,记录失败原因。经常回顾做得好的点和需要改进的点,才能明确努力的方向,不断提高记忆能力。

第三节 小学单词记忆训练

我们来训练两组小学阶段的必备英语单词。在训练的过程中,已经掌握的单词可以打钩跳过。

第一组

单词	拆分	联想
chicken鸡肉		
vegetable蔬菜		
sweater毛衣		
shorts短裤		
window窗户		
picture图画		
umbrella雨伞		
library图书馆		
mouse嘴		
finger手指		

以下是联想参考：

单词	拆分	联想
chicken鸡肉	chi吃+c张大嘴巴+ken啃	我张大嘴巴左边吃，右边啃鸡肉。
vegetable蔬菜	ve维生素E+ge哥哥+table桌子	蔬菜富含维生素E，哥哥买了很多放在桌子上。
sweater毛衣	sw丝袜+eat吃+er儿子	穿着毛衣和丝袜的一个怪人吃了儿子。
shorts短裤	sh上海+or猿人+ts天使	上海跑进来很多猿人，它们都穿着短裤，头上顶着一个天使。
window窗户	ye叶子+llo数字110+w王冠	在黄色的叶子上写110，递给戴着王冠的人。
picture图画	p皮鞋+ic IC卡+tu兔子+re热	墙壁的图画上有一只皮鞋，里面有张IC卡，卡上画着小兔子冒热气儿。
umbrella雨伞	u水杯+mb面包+re热+ll数字11+a一个	水杯里的水和面包都是热的，我拿它们换了11个苹果和一把雨伞。
library图书馆	li梨子+br白人+ary矮人鱼	图书馆里的梨子都被白人喂给矮人鱼吃了。
mouse嘴	mou谋划+se颜色	我每天都在谋划给自己的嘴巴涂什么颜色。
finger手指	f斧头+ing鹰+er儿子	斧头把鹰儿子的手指砍了。

注意科学复习：

复习表（第一组）

1~2小时	当晚	第二天	一周	一个月	三个月	中文意思
						鸡肉
						蔬菜
						毛衣
						短裤
						黄色

071

续表

1~2小时	当晚	第二天	一周	一个月	三个月	中文意思
						图画
						雨伞
						图书馆
						嘴
						手指

复习总结：

第二组

单词	拆分	联想
Monday 星期一		
Tuesday 星期二		
Wednesday 星期三		
Tuesday 星期四		
Friday 星期五		
Saturday 星期六		
Sunday 星期天		
spring 春天		
summer 夏天		
autumn 秋天		
winter 冬天		

第六章 拆分法：牢记英语单词

以下是联想参考：

单词	拆分	联想	其他记忆方式
Monday 星期一	mo摸+n门+day天	星期一不停地摸门，门是树做的（01的编码是小树）。	谐音"忙day"，刚刚从周末休息回来工作，所以周一是很忙的一天。
Tuesday 星期二	tu兔子+es饿死+day天	星期二，兔子饿死了，因为我没有摇铃儿叫它吃饭（02的编码是铃儿）。	—
Wednesday 星期三	we我们+dn等你+es饿死+day天	星期三加班，我们等你等得都要饿死了，板凳都要坐穿了你还没回来（03的编码是三角凳）。	谐音"蚊子day"，坐在三角凳上被蚊子咬了很多包。
Tuesday 星期四	th天河机场+u水杯+rs肉丝+day天	星期四，天河机场的工作人员会在水杯里面放4根肉丝，犒劳自己。	谐音"社死day"，周四是社死的一天，希望马上过去。
Friday 星期五	fr烦人+i蜡烛+day天	烦人的星期五来了，就要拿起手套点蜡烛（5的数字编码是手套）。	谐音"福来day"，马上周末休息，所以周五就是福气来的这一天。
Saturday 星期六	sa撒娇+tu兔子+r小草+day天	累了一周，星期六好不容易可以撒撒娇，喂喂兔子吃草，真是放松的一天。	谐音"赛车day"，周六休息可以去赛车。
Sunday 星期天	sun太阳+day天	星期日就是有太阳的一天。	谐音"丧day"，因为周日过完马上就要工作了，很焦虑，是很丧的一天。
spring 春天	sp视频+ring戒指	春天联想到花。视频里的戒指是一朵花的形状，很有春天的气息。	—
summer 夏天	su苏东坡+mm（MM豆）+er儿子	苏东坡在夏天买MM豆给儿子吃（夏天联想到冰激凌，可以把MM豆想象成冰激淋的样子）。	—

073

续表

单词	拆分	联想	其他记忆方式
autumn 秋天	au哎哟+tu兔子+mn蒙牛	哎哟，秋天的小兔子很特别，还喝蒙牛啊。	—
winter 冬天	w王冠+in里面+ter天鹅肉	冬天联想到冰雪女王。冰雪女王的王冠里面还有天鹅肉。	—

注意科学复习：

复习表（第二组）

1~2小时	当晚	第二天	一周	一个月	三个月	中文意思
						星期一
						星期二
						星期三
						星期四
						星期五
						星期六
						星期日
						春天
						夏天
						秋天
						冬天

复习总结：

第四节　初中单词记忆训练

第一组

单词	拆分	联想
account账目		
ache痛		
burst爆裂，突然发生		
slide滑动，滑落		
transport运输		
swallow吞下，咽下		
boundary边界，分界线		
consume消耗，耗尽		
budget预算		
suspicion怀疑，疑心		

以下是联想参考：

单词	拆分	联想
account账目	ac米兰+cou凑+nt奶糖	米兰球队的账目做得很好，所以凑了一些奶糖奖励给他们。
ache痛	a一个+che车	一个车压过去很痛。
burst爆裂，突然发生	bu布+rst染色体	布里面的染色体突然爆裂了。
slide滑动，滑落	sli胜利+de德芙巧克力	从天上滑落下来，比了一个胜利的手势，赢得了很多德芙巧克力。
transport运输	tr铁人+an一个+sport运动	铁人参加了一个运动，需要运输很多物品。

续表

单词	拆分	联想
swallow吞下，咽下	sw丝袜+all全部的+ow圆圆的皇冠	穿丝袜的人把全部的圆皇冠都吞下去了。
boundary边界，分界线	b笔+ou藕+nd脑袋+ary矮人鱼	用笔在藕和矮人鱼中间画了一个脑袋，当作分界线。
consume消耗，耗尽	con孙悟空+su苏东坡+me我	看孙悟空的电视和背苏东坡的诗把我白天的精力都耗尽了。
budget预算	bud部队+get得到	部队得到了很多预算。
suspicion怀疑，疑心	su苏东坡+sp视频+i蜡烛+cion男神	苏东坡怀疑视频里的蜡烛是男神点燃的。

注意科学复习：

复习表（第一组）

1~2小时	当晚	第二天	一周	一个月	三个月	中文意思
						账目
						痛
						爆裂，突然发生
						滑动，滑落
						运输
						吞下，咽下
						边界，分界线
						消耗，耗尽
						预算
						怀疑，疑心

复习总结：

第二组

单词	拆分	联想
wander漫游，闲逛		
weave编，织		
petroleum石油		
decay腐烂，腐朽		
poverty贫穷		
hollow空的		
victim牺牲品		
valley山谷		
balloon气球		
humour幽默		

以下是联想参考：

单词	拆分	联想
wander 漫游，闲逛	wan晚上+d笛子+er儿子	晚上一边吹笛子，一边带儿子到处闲逛。
weave 编，织	we我们+a一个+ve维生素E	我们编了一个谎言，骗别人说我们每天都吃维生素E。
petroleum 石油	pet宠物+role角色+um幽门螺旋杆菌	吃石油容易让宠物这种角色感染幽门螺旋杆菌。
decay 腐烂，腐朽	de德芙巧克力+ca橡皮擦+y衣撑	衣服上腐烂的德芙巧克力被橡皮擦擦干净了，然后用衣撑晾起来。
poverty 贫穷	po破+ve维生素E+r小草+ty太阳	这个破维生素E滋养不了我的小草，贫穷的我只能依靠太阳了。
hollow 空的	ho猴子+llo电话110+w王冠	猴子打电话给110报警，说它买了一个假王冠，里面都是空的。

077

续表

单词	拆分	联想
victim 牺牲品	vi罗马数字6+ct抽屉+im蛋糕（形似）	6个抽屉里的蛋糕都成了牺牲品。
valley 山谷	v耶！+all所有的+e鹅+y衣撑	耶！我把所有的鹅和衣撑都扔进山谷了。
balloon 气球	ba爸爸+lloo数字1100+n门	爸爸把1100个气球都塞进了门里面。
humour 幽默	hu老虎+mou谋划+r小草	幽默的老虎谋划着怎么把自己变成一棵小草。

注意科学复习：

复习表（第二组）

1~2小时	当晚	第二天	一周	一个月	三个月	中文意思
						漫游，闲逛
						编，织
						石油
						腐烂，腐朽
						贫穷
						空的
						牺牲品
						山谷
						气球
						幽默

复习总结：

第五节　高中单词记忆训练

第一组

单词	拆分	联想
abundant大量，丰盛的		
betray出卖，泄露		
botany植物		
capital首都		
ceremony仪式，典礼		
chimney烟囱，烟筒		
diamond钻石		
generous慷慨大方的		
industry工厂		
labourer体力劳动者		

以下是联想参考：

单词	拆分	联想
abundant 大量，丰盛的	ab阿爸+un云+dant蛋挞	阿爸在云上吃大量的蛋挞。
betray 出卖，泄露	be蜜蜂+tr铁人+ay阿姨	蜜蜂出卖了铁人，把阿姨交出去了。
botany 植物	bo菠菜+tan弹簧+y衣撑	菠菜长在弹簧上，被衣撑当成植物打落了。
capital 首都	cap帽子+it它+al阿狸	戴上帽子的它带着阿狸去了首都。
ceremony 仪式，典礼	ce厕所+re热+mo摸+ny奶油	躲在厕所太热了，所以跑到典礼上凉快一下，还摸了摸想吃的奶油。

续表

单词	拆分	联想
chimney 烟囱，烟筒	chi吃+mn美女+ey鳄鱼	烟囱里藏着一只吃美女的鳄鱼。
diamond 钻石	di滴滴+am上午+o鸡蛋+nd脑袋	滴滴司机一上午都在想鸡蛋吃，不小心就把脑袋撞到了钻石上。
generous 慷慨大方的	ge哥哥+ne哪吒+rous肉丝	哥哥是很慷慨大方的，给哪吒分享他的肉丝吃。
industry 工厂	in在里面+du堵+st石头+ry人鱼	工厂里面都堵满了石头，因为里面出现了一条人鱼。
labourer 体力劳动者	lab蜡笔+our我们+er儿子	工人送了一盒蜡笔给我们儿子。

注意科学复习：

复习表（第一组）

1~2小时	当晚	第二天	一周	一个月	三个月	中文意思
						大量，丰盛的
						出卖，泄露
						植物
						首都
						仪式，典礼
						烟囱，烟筒
						钻石
						慷慨大方的
						工厂
						体力劳动者

复习总结：

第二组

单词	拆分	联想
laundry 洗衣店		
merchant 商业的，商人的		
narrow 狭窄的		
optional 可选择的		
parrot 鹦鹉		
recite 背诵		
salary 薪水		
strait 海峡		
symbol 象征		
tense 心烦意乱的，紧张的		

以下是联想参考：

单词	拆分	联想
laundry 洗衣店	la辣椒+un竹子+dry干的	辣椒和竹子都变干了，我送到洗衣店去洗。
merchant 商业的，商人的	m麦当劳+er儿子+ch彩虹+ant蚂蚁	麦当劳的儿子是个商人，他喜欢彩虹和蚂蚁。
narrow 狭窄的	na娜娜+rr肉肉+ow圆碗	娜娜把肉肉从圆碗里夹出来，结果被狭窄的碗口卡住了。
optional 可选择的	op藕片+tion神+al阿狸	藕片是供给神饲养的阿狸做选择的。
parrot 鹦鹉	pa害怕+rr肉肉+ot呕吐	鹦鹉害怕长肉肉，把吃的都呕吐出来了。
recite 背诵	re热+ci刺+te特仑苏	背诵古文的时候，就像有根热的刺在刺你，怎么也背不下来，除非喝瓶特仑苏。
salary 薪水	sa披萨+la拉+ry人鱼	用薪水买了一个披萨，拉上人鱼和我一起吃。

081

续表

单词	拆分	联想
strait 海峡	str石头人+ai爱+t伞	海峡上的太阳光太强烈,石头人都爱打伞防晒。
symbol象征	sy石油+m麦当劳+bol数字601	石油在麦当劳可以象征601元钱。
tense心烦意乱的,紧张的	ten数字10+se颜色	看见10种颜色在一块,我就感到心烦意乱。

注意科学复习:

复习表(第二组)

1~2小时	当晚	第二天	一周	一个月	三个月	中文意思
						洗衣店
						商业的,商人的
						狭窄的
						可选择的
						鹦鹉
						背诵
						薪水
						海峡
						象征
						心烦意乱的,紧张的

复习总结:

汽车业传奇人物、福特汽车的创始人亨利·福特说:"你相信你能,或你相信你不能,你都是对的。但是,你将拥有不同的结果。"

我知道，在单词训练的前期，是有些困难的，你甚至会比过去用死记硬背的方法时背得还慢，但这只是因为你需要接纳一种新的工具（并没有要你摒弃以前的学习方法），而改变和接受新的信息需要一个过程。行百里者半九十，只有坚持训练体悟的人，才能体会到记忆法带来的高效和轻松。

第六节　其他单词记忆小技巧

羊肉串记忆法

羊肉串记忆法，顾名思义，就是像吃羊肉串一样，一下记住"一串"单词。英语单词都是由26个英文字母组合而成的，这么多英语单词，肯定会出现很多长得差不多的，可以放在一起记忆。比如，下面这组单词，都包含了all（全部的）这个小单词，只有首字母不一样，但中文意思却有天壤之别。在这种情况下，我们就要把它们的不同点和汉语意思关联起来记忆。

共同点	单词	区分点	联想
all全部的	wall墙	w王冠	墙壁上画着一个王冠。
	call打电话	c月亮	站在月亮下面打电话。
	hall走廊	h椅子	搬把椅子坐在走廊。
	tall高	t伞	两个人一起当然是长得高的人打伞。
	ball球	b笔	用笔把球戳破。
	mall商场	m麦当劳	麦当劳都开在商场里。
	fall掉落	f斧头	不要被落下来的斧头砸到了。

下面我们来做两组练习：

共同点	单词	区分点	联想
are是	bare光秃秃的		
	care照料，小心		
	dare胆敢		
	mare母驴		
	ware器皿		
	rare稀有的		
	fare车费		
ill疾病	till收银台		
	kill杀死		
	hill山丘		
	fill填满		
	will将要		
	bill账单		
	pill药丸		

谐音记忆法

除了记忆单词的拼写，我们还需要记忆单词的读音，不学哑巴英语。不少同学都无师自通地使用"谐音法"来记忆过英文发音。比如，将good morning（早上好）记成"古德摸宁"，将eraser（橡皮擦）写成"衣瑞这"，还有同学将ambulance（救护车），谐音成"俺不能死"——俺不能死，所以要叫救护车。

谐音可以增加记忆的趣味性，帮助记忆，但是我不建议大量用谐音记忆，因为它会影响发音的准确性。下面我们来看一些使用谐音来记忆单词的例子：

单词	谐音	联想
weapon兵器，武器	"瓦盆"	一家人拿着瓦盆当武器。
wolf狼	"卧虎"	把卧虎藏龙这个成语想象成卧虎藏狼。
yoke枷锁	"有客"	有一家黑店，一有客人来就给他戴上枷锁。
vital生命的	"歪头"	树上长满了果实，把树枝压歪了，果实代表生命力。
vinegar醋	"为你哥"	女孩子都为你哥争风吃醋。
van大篷车，运货车	"玩"	开着大篷车到处玩耍。
tradition传统，惯例	"吹笛声"	发出吹笛声是我们联络别人的一种惯例。
timid胆怯的，羞怯的	"甜蜜的"	看见电视里甜蜜的情侣，就变得羞怯起来。
survive幸免于，活下来	"射歪了"	因为箭射歪了，所以才能幸免于一死，活了下来。

词根词缀记忆法

词根词缀好比中文的偏旁部首，它们可以帮助我们辨别单词的意思，以及单词的词性。有一定的单词量积累，在使用词根词缀记忆法时才能如虎添翼。在前文我们也提到过，词根词缀记忆法属于广义的拆分法，在配合故事联想法时能够发挥更大的作用。

下面给出了一小部分的常用词根词缀，想要详细了解词根词缀法，读者朋友们可以购买相应的图书。

类型	词根/词缀	意义	举例
前缀	auto-	自动	automation自动化
	co-	共同，互相	coexist共存
	inter-	在……之间	international国际的
	micro-	微	microbe微生物

续表

类型	词根/词缀	意义	举例
后缀	-an	人，籍贯	African非洲的
	-dom	状态，领域	freedom自由
	-ism	主义，宗教	Marxism马克思主义
	-ship	状况，事物（构成名词）	friendship友谊
词根	-fer	带来，产生	difference不同的
	-ject	投掷	object目标
	-log	说话	apologize道歉
	-port	运送	import进口

章节重点

1. 熟练掌握一、二级字母编码表是使用拆分法的基础，在学习中最好累积属于自己的编码。

2. 不是任何时候都需要用单词拆分法，遇到长单词、容易混淆的单词，用自己方法记不住时才用拆分法。

3. 单词记忆本身比较枯燥，但是掌握多种方法，找到技巧，就会更轻松、高效。

第七章
定位法：万事万物皆可记

CHAPTER 7

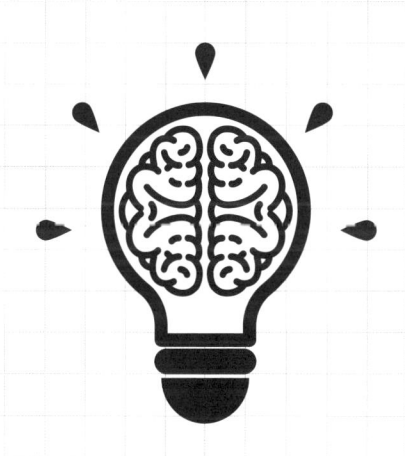

第一节　认识定位法

定位法又称记忆宫殿法，是目前所有的记忆大师都在使用的方法。它可以帮助你轻松记忆一整本书的内容，甚至做到倒背如流；它可以让你在一个小时内记住成千上万个毫无规律的数字和几十副打乱顺序的扑克牌，并且毫无差错。

这是怎么做到的呢？要回答这个问题，我们先来看一个小故事：

一次，诗人西蒙尼德斯在一所公馆里与亲友们聚会饮酒，周旋于众多宾客之间。就在他暂时离座出门的片刻，公馆大厅突然坍塌，其他的宾客都被砸死。他们被砸得血肉模糊，肢体残缺，即便是家属也难以辨认。最后，西蒙尼德斯通过回忆这些亲友饮酒时的位置，一个个地对应上了尸体和姓名。

这个小故事被利玛窦记录在《西国记法》中，西蒙尼德斯所使用的记忆方法就是"记忆宫殿"的雏形。利玛窦是"记忆宫殿"的推广者，他曾说："对于每一件我们希望铭记的东西，都应该赋予其一个形象，并给它分派一个场所，使它能安静地存放在那里，直至我们准备借助定位法来使它们重新显现。"

我们在日常生活中也会不自觉地使用"记忆宫殿"。不信的话，请你现在闭上眼睛，想象你站在你家门口，或者你的房间门口，打开门，从左手边开始，顺时针地"往前走"，第一个物品是什么？鞋柜？沙发？电视机？接着往下，第二个、第三个……第十个物品是什么？是不是可以毫不费力地回忆起来呢？

如果你的回答是肯定的，那么恭喜你，你拥有了人生中第一套记忆宫殿。把你需要记忆的资料，逐一放在这些地点上，让信息和地点之间产生一个牢固的挂钩，你需要调取信息的时候，就只需要轻轻地拉一下挂钩，信息就会立刻呈现在我们眼前。这就是记忆宫殿法。

人们大部分时间都生活在一些自己熟悉的场所，比如，你的家里、亲戚家里、家楼下的公园、经常逛的超市、办公室、教室、儿童乐园等，除了熟悉的地点，你也会去不熟悉的场所，比如，偶尔吃一次的高档餐厅，初一、十五去的寺庙，一年去一次的旅游景点……

这些熟悉的、不熟悉的地点，你或多或少都会对它们有印象，如果你稍加整理，利用起来，它们都可以是我们的记忆载体，可以发挥巨大能量，帮助我们记住庞杂的信息。

在前面的章节我们记住了100个数字编码。数字本身就属于有序的信息，我们运用这100个有序数字，就可以记住100个陌生的、没有规律的任何信息。如果想象力好，甚至可以用1个数字记忆多条信息。这样，你通过这100个熟悉的数字编码，就可以记忆100~500条新的知识，是不是超级厉害？！所以，如果你还没有记住数字编码，赶紧回过头去复习吧！

根据记忆的前提，我们总结出了定位法的核心，那就是：以熟记新。

我们的大脑中本就积累了一些信息，在记忆新信息的时候，只要和自己头脑里已有的事物连接起来，那么记忆和回忆就简单多了。

比如，我们家里的位置：门、鞋柜、沙发、茶几、空调……

又如，我们看过的人物，经典名著中的：唐僧、孙悟空、猪八戒、沙和尚、刘备、曹操、关羽、张飞……动漫人物：海贼王、流川枫、樱桃小丸子、静香、胖虎、哆啦A梦……生活中的人物：爷爷、奶奶、爸爸、妈妈、叔叔、阿姨、哥哥、姐姐、弟弟、妹妹……

还有张口就来的诗句："白日依山尽，黄河入海流""床前明月光，疑是地上霜""鹅鹅鹅，曲项向天歌"……

常见的定位系统有身体定位、人物定位、地点定位、标题定位、熟语定位等。我们现在就试试这些定位的效果吧！

第二节　身体定位法

我们每天都在使用自己的身体，所以，你对身体部位肯定是熟悉的，而身体部位的顺序是固定的，这就是一套现成的定位系统。身体上能找的有特征的定位点不多，所以身体定位法只适合记忆20个以内的信息。比如，要去超市买些物品（购物单），当天需要处理的一些事情（备忘录）等，都可以用身体定位法来记忆。

记忆12星座

星座是社交场上的热门话题，那些相信星座特质的人，经常讨论与星座相关的内容。对星座感兴趣的人很多，但能完整说出12星座顺序的人却不多。下面，就让我们用身体定位法，在3~5分钟的时间里记住12星座的顺序吧！这一方法不仅能让我们记住，还能让我们做到"点背"，也就是快速说出第几个是什么。准备好了吗？开始吧！

首先，请你起立，由上至下活动一下身体，比如：摸摸头，眨眨眼，摸摸鼻子……你能在身体上找到12个具有辨识性的部位吗？下面我为你找出了12个，请按照顺序把这12个部位记住。这很重要，也许在某个紧急时刻，身体部位可以帮助你快速记住你想要记住的内容。

顺序	1	2	3	4	5	6	7	8	9	10	11	12
身体部位	头	眼睛	鼻子	嘴巴	脖子	肩膀	胸口	肚子	大腿	膝盖	小腿	双脚

只有对定位足够熟悉，才能把要记忆的内容快速准确地记住。

请把这12个身体部位写下来吧：

顺序	1	2	3	4	5	6	7	8	9	10	11	12
身体部位												

完全写正确了吗？如果没有，请多复习几次，直到完全熟练。

完成这个任务后，我们需要做的就是把相应的身体部位和星座通过夸张有趣的联想结合起来：

顺序	身体部位	星座	联想
1	头	白羊座	你的头顶长出了一对白羊角。
2	眼睛	金牛座	你的眼睛忽然变得跟牛的眼睛一样大，并且金光闪闪的。
3	鼻子	双子座	鼻孔有两个（双），两个孔的鼻子就是双子座。
4	嘴巴	巨蟹座	你张开嘴巴吃了一只巨大的螃蟹。
5	脖子	狮子座	逛动物园不小心，脖子被狮子抓了几条伤口。
6	肩膀	处女座	出来一个小美女给你揉揉肩膀。
7	胸口	天秤座	拍拍胸口得意洋洋地说："我天生就很公平的！"
8	肚子	天蝎座	肚子天天想吃蝎子。
9	大腿	射手座	丘比特之箭射中了你的大腿。
10	膝盖	摩羯座	摸摸你膝盖的关节，摸关节——摩羯座。
11	小腿	水瓶座	小腿的形状长得像一个开水瓶。
12	双脚	双鱼座	你踩着两条鱼不小心滑倒了。

好，请闭上眼睛，把每个身体部位对应的画面回想一遍：头、眼睛、鼻子、嘴巴……现在，请你把12星座写下来吧。

顺序	1	2	3	4	5	6	7	8	9	10	11	12
身体部位	头	眼睛	鼻子	嘴巴	脖子	肩膀	胸口	肚子	大腿	膝盖	小腿	双脚
星座												

恭喜！现在你已经掌握了12星座的顺序了，是不是很简单呢？那么我现在考一考你，请问：

第三个星座是什么？

第六个星座是什么？

第八个星座是什么？

……

你不会在从上往下一个、一个地数吧？这样反应速度会比较慢呢！请记住，第五个和第十个分别是脖子和膝盖。以这两个为参考，如果问到第七个是什么，只需要从第五个往下数两个就可以了。这样是不是可以更快速地回忆呢？

这就是那些记忆大师可以快速说出第几个数字是什么的秘诀了，因为他们的定位都是排序了的，而且对应的序号也熟记于心，自然能够快速反应。

接下来，如果你想晋级更高阶，可以记忆每个星座对应的时间段：

顺序	星座	时间
1	白羊座	3.21—4.19
2	金牛座	4.20—5.20
3	双子座	5.21—6.21
4	巨蟹座	6.22—7.22
5	狮子座	7.23—8.22
6	处女座	8.23—9.22
7	天秤座	9.23—10.23
8	天蝎座	10.24—11.22
9	射手座	11.23—12.21
10	摩羯座	12.22—1.19
11	水瓶座	1.20—2.18
12	双鱼座	2.19—3.20

分析一下，你就会发现每个星座都是前一个月的20号左右到下一个月的20号左右，所以就只需要记住白羊座的对应月份，后面的所有星座只需要顺延就行。现在，你可以问你身边任意朋友的生日，然后快速准确地判断出他们的星座了。想想，这也是一个社交特长呢！

对了，最好的学习方式就是将知识教给他人。如果你确认自己已经掌握好了，找到你身边的几个朋友，教会他们，估计你就很难忘记这个小知识了。

记忆文学常识

我们还可以使用同样的身体定位来记忆文学常识，如冰心的10部作品：

第七章
定位法：万事万物皆可记

顺序	身体部位	作品	联想
1	头	《小桔灯》	你的头上有一盏小桔灯。
2	眼睛	《繁星春水》	眼睛眨巴、眨巴就像天上的繁星，眼泪流出来就像春天的水一般。
3	鼻子	《冬儿姑娘》	冬儿谐音"洞儿"，姑娘的鼻子都有两个洞儿。
4	嘴巴	《我的秘密》	嘴巴发出"嘘"的声音，说着："不要告诉别人噢，这是我的秘密！"
5	脖子	《南归》	"南归"谐音"南龟"，即南边的乌龟，想象你的脖子上很痒，结果抓出来一只乌龟。
6	肩膀	《超人》	超人的肩膀上都披着披风。
7	胸口	《闲情》	拍拍胸口说，我哪里有这个闲情逸致啊？！
8	肚子	《寄小读者》	肚子鼓得大大的，里面都是我要对小读者们说的话。
9	大腿	《樱花赞》	大腿上粘了很多樱花，走在路上都被别人赞美。
10	双脚	《姑姑》	姑姑的双脚下面踩着一只鸡，发出"咕咕"的叫声。

注意：此处我们只使用了12个身体定位中的10个。

现在，请你试试想着自己身体上的部位，回忆一下冰心的10部作品吧！

顺序	1	2	3	4	5
作品					
顺序	6	7	8	9	10
作品					

记忆物品清单

出门上学（上班）时容易丢三落四？其实只要根据身体部位进行联想就能解决这个问题啦！比如，孩子早上出门必须要带的物品：眼镜、耳罩、口罩、红领巾、水杯。

这个很简单，眼镜是戴在眼睛上的，口罩和耳罩都需要挂在耳朵上，水杯是嘴巴需要喝水的，红领巾围在脖子上，分别就对应了眼、耳、口、脖的物品。每天出门前，只需要想想这几个部位就不会忘带物品了。

记忆会议重点

一次偶然的机会，我教会一个朋友使用身体定位法，他当时就惊讶极了，过了几天，他更是兴冲冲跑过来说这个方法真的太有用了，并且问我还有没有类似的其他记忆方法。原来，有一次他开会忘记带本子了，老板很不开心，开会后故意让他重复这次开会的重点内容是什么，他运用身体定位法把开会的重点内容一一陈述之后，老板瞬间就对他竖起了大拇指，对他印象深刻。

快速记忆法确实可以帮助我们在职场上速记一些东西。我们来看看具体怎么记忆的，开会的重点内容有：

顺序	会议重点内容
1	整理开营必备的物资、物料。
2	发放开营地的流程表给相关人员熟悉，相关岗位的人员必须熟知岗位职责。
3	给每个分校区安排相应的老师和助教。
4	营地中的活动策划。
5	给出去讲课的老师和助教订票。
6	留在校区的老师负责接收照片和发新媒体广告（微信公众号、微博、朋友圈）。

这是一个以营地活动为主题的会议，所有事情都是围绕着营地来进行的，很好记忆。先把关键信息提取出来，然后一一对应身体部位联想即可：

顺序	身体部位	关键信息（关键词）	联想
1	头	整理物资物料（整理）	大脑里的思维需要整理，对应整理物资、物料。
2	眼睛	熟悉流程表、岗位职责（流程+职责）	流程可以联想到流眼泪，职责可以谐音为指责，两者联系起来就是，指责他流眼泪。
3	鼻子	分配老师和助教（分配）	鼻子有两个鼻孔，一个分配老师，一个分配助教。
4	嘴巴	活动策划（策划）	嘴巴的侧边被划了一道口子。
5	脖子	订票	脖子上有一张机票。
6	胸口	照片+广告	胸口拍了一个照片，然后给医院打广告。

你记住了吗？请你试试回忆一下会议重点：

顺序	会议重点内容
1	
2	
3	
4	
5	
6	

第三节　人物定位法

你有崇敬的历史人物吗？你有喜爱的影视明星吗？你有中意的动漫角色

吗？如果这些都没有，那么你身边肯定有亲戚、朋友吧？他们，通通可以成为你的"记忆宫殿"。用熟悉的人物去记忆陌生的信息，就叫人物宫殿法。

这个也需要我们平时多积累，比如，看过一本小说、一部电视剧之后，我们往往对里面的角色会有很多情感代入，那么既然你花了那么长的时间跟这些角色建立起"感情"，就不要白白付出，趁热打铁对他们进行编号，让他们为你所用吧！

就用我们熟悉的《西游记》举例吧，里面最经典的角色就是师徒四人，此外，还有一系列与剧情密切相关的角色：如来佛祖、玉皇大帝、观音菩萨……每个角色都有各自的特征，会让我们产生不同的情绪感受。据此，我们就可以使用他们进行记忆。

记忆中国十大古典悲剧

人物	古典悲剧作品	联想
唐僧	《窦娥冤》	唐僧被神仙冤枉，说他在取经路上用袈裟逗鹅玩儿。
孙悟空	《汉宫秋》	孙悟空流着汗在皇宫用金箍棒踢球。
猪八戒	《赵氏孤儿》	猪八戒从小就是一个孤儿，整天到处找事。
沙和尚	《琵琶记》	沙和尚的脖子上那串珠子被当成枇杷一颗、一颗弹走了。
白龙马	《精忠旗》	白龙马身上刻着精忠报国的一面旗子。
如来佛祖	《娇红记》	如来佛祖的大脚变红色了。
玉皇大帝	《清忠谱》	玉皇大帝是个很靠谱的情种。
观音菩萨	《长生殿》	观音菩萨开了一个店，专卖长生不老药。
土地公公	《桃花扇》	土地公公从地里钻出来，手上拿着一把桃花扇。
白骨精	《雷峰塔》	被压在雷峰塔下的不是白娘子，而是白骨精。

记忆中国五大淡水湖

这里需要记忆的有5个信息，所以用熟悉的5个人物即可。

人物	淡水湖	联想
唐僧	鄱阳湖	唐僧泼了太阳一盆水。
孙悟空	洞庭湖	孙悟空大闹天宫的时候钻进了一个洞。
猪八戒	太湖	猪八戒实在太胖了。
沙和尚	洪泽湖	沙僧每天挑太重的东西，压得脸上露出红色的光泽。
白龙马	巢湖	白龙马每次在涨潮的时候就会变成人。

你记住了吗？人物定位法还可以用来记更多的东西，重要的是平时多积累。

第四节 地点定位法

地点定位法很好用，但是要完全驾驭它，在前期还是需要付出一些精力的。这一节我会教你怎么打造自己的地点定位系统，跟着我的步骤来吧。

步骤一：找地点

你肯定觉得，自己已经非常熟悉经常待的一些场所了，真是如此吗？你可以说出你们家楼下小区门口第一家店的门牌是什么颜色吗？那条街的第五家店是卖什么的呢？

答不上来了吧！大多数人都以为自己足够熟悉周围的环境，其实不然。地点定位法需要我们留心观察身边一些以前忽略的事物。这并不会花费我们大量的时间和精力，却能够大大提升我们的记忆力。做个"有心人"，记忆力就不会差哦！

现在，跟随我的步伐，从最熟悉的家里开始，找到你的地点。

第一，确定场所、编号。看看你的家里一共是几室几厅的构造，然后找出其中你最熟悉的3个场所（比如，客厅、卧室、厨房）；把每个房间编个号码

（比如，客厅是1号，卧室是2号，厨房是3号）。

第二，粗略确定。分别站在1、2、3号场所，环顾四周，大致浏览这个空间，看看哪些地点是符合要求的。

第三，正式确定。分别在1、2、3号场所，按照顺时针或者逆时针的顺序，依次找到5件固定的物品，仔细观察每件物品，可以用手触摸一下，并且给它取名字。

第四，闭眼回忆。1、2、3号场所中的物品全部找完，坐下来，静静地在脑海里过一遍，卡住的时候可以到对应地点看一眼。

第五，记录。准备一个专门的本子，将场所和物品默写在本子上，如果不记得，可以返回再看一看、摸一摸那件物品。

这是我记录的我家的地点，给大家做个参考：

序号	场所	物品				
1	客厅	沙发	茶几	空调	电视	全身镜
2	卧室	煤气灶	电饭煲	水槽	冰箱	餐桌
3	厨房	衣帽架	书桌	床头柜	布偶	壁画

这样，你就有3套地点，共15个地点桩，可以用它们来记忆15个陌生的信息。

结合上面的方法，请你试试在自己家里（或其他熟悉的场所）寻找物品，打造自己的记忆宫殿吧！这个任务非常重要，没有完成的话，后面的学习没有办法进行哦。

你的第一个记忆宫殿：

序号	场所	物品				
1						
2						
3						

找地点的时候要注意以下七点：

1. 熟悉

定位法中最重要的一个原则就是"以熟记新"，所以我们可以从自己的家、学校、工作场所、常去的饭店等开始寻找地点。平时我们要多多留意周围的环境，可以拍照留存，并且建立一个专门的文件夹，用于保存你的"记忆宫殿相册"，方便用的时候翻看。

2. 有序

根据自己的习惯，你可以采取顺时针或者逆时针的顺序来找地点，并排好序号。参加世界脑力锦标赛的选手，在一组记忆宫殿中一般安排30个地点，如果只是日常使用，一组10~20个地点就够用了。

3. 有特征

刚开始练习的时候，最好每一个地点都是独一无二的，避免混淆。比如，不要在客厅里找2盆绿萝作为地点。当你练习到一定的程度时，就可以对相似的地点进行主观的区分。比如，对于2盆绿萝，第一盆突出里面的植物，第二盆突出盆栽的盆，这样就不容易混淆两个地点上的内容了。此外，地点最好不要是平面的，因为"挂"不住东西，容易让知识"滑落"。

4. 大小适中

地点桩不宜过大或者过小。太大了，在脑海里回忆起来费时间；太小了，在上面放动作连接的画面就显得很拥挤。大约就是一个篮球大小，适当地缩放就可以。

5. 距离适中

两个地点之间的距离不宜过大或者过小。距离太大，回想的时间会变长；距离太小，两个地点的图像会互相干扰，造成记忆混乱。

6. 场景变换

一些场景的内容重复性较高，比如，办公室都是相同的办公桌、办公椅、沙发、茶几、电脑，等等。如果遇到这样的情况，可以主观对地点进行加工。比如，这个办公椅上坐的是哪个人，这个电脑上放着某个标志性物品等。加入主观的情感，会比较好区分相似的场景。

7. 固定

用拍照的方式，把地点记录、固定下来，需要回忆的时候看照片就可以。

步骤二：熟悉地点

千万不要以为地点找好了，就万事大吉了。对地点的熟悉程度，直接影响着你的记忆速度。即使是记忆大师，在记忆资料之前，也需要在脑海里过一遍要用的地点。现在我将告诉你，怎么训练让地点跟你更"亲密"。

这个训练叫"3—2—1"挑战。

请你准备好双手，如果你身边有朋友，也可以让他帮忙，每3秒钟拍一下手，每拍一下，你的脑海里就出现一个地点，直到把刚刚的15个地点回想完。准备好了吗？预备，开始！

第1个……

第2个……

第3个……

……

第15个……

能跟上节奏吗？如果你可以适应，那现在，倒过来，从最后一个到第一个。

第15个……

第14个……

第13个……

……

第1个……

如果你也毫无障碍地通过这个挑战，那么你就可以进入下一个阶段。如果有点卡壳，那么请在这个阶段多练习几次，直到这个速度可以顺利过关。

接下来，每2秒拍一次手，拍的时候脑子里"过"地点，一定要让地点清晰地浮现在脑海中，不要为了追求速度，而忽视了地点的清晰度。同样地，从第1个到第15个，然后从第15个到第1个。

最后，每1秒拍手一次，如果能做到1秒出图，这个速度就已经很棒了。那么接下来，你可以进入下一个步骤。

步骤三：练习地点

此处，我以我经常去的茶室的10个地点为例。

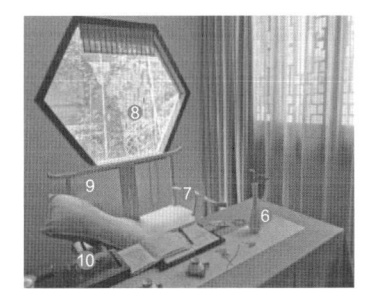

序号	地点
1	门闩
2	古琴
3	圆凳
4	窗帘
5	木制窗户
6	花瓶
7	椅子扶手
8	六边形窗户
9	抱枕
10	茶杯

请你自己找出6组地点，每组30个物品，写在下方的表格中。

组别	起始地点	结尾地点	记忆内容（物品）
第一组			
第二组			
第三组			

续表

组别	起始地点	结尾地点	记忆内容（物品）
第四组			
第五组			
第六组			

第五节　地点定位法具体运用

记忆文言文《陋室铭》

陋室铭

[唐]刘禹锡

山不在高，有仙则名。水不在深，有龙则灵。斯是陋室，惟吾德馨。苔痕上阶绿，草色入帘青。谈笑有鸿儒，往来无白丁。可以调素琴，阅金经。无丝竹之乱耳，无案牍之劳形。南阳诸葛庐，西蜀子云亭。孔子云：何陋之有？

释义：

山不在于高，有了神仙就出名。水不在于深，有了龙就显得有了灵气。这是简陋的房子，只是我（住屋的人）品德好（就感觉不到简陋了）。长到台阶上的苔痕颜色碧绿；草色青葱，映入帘中。到这里谈笑的都是知识渊博的大学者，交往的没有知识浅薄的人，平时可以弹奏清雅的古琴，阅读泥金书写的佛经。没有奏乐的声音扰乱双耳，没有官府的公文使身体劳累。南阳有诸葛亮的草庐，西蜀有扬子云的亭子。孔子说："这有什么简陋呢？"

第七章
定位法：万事万物皆可记

首先通读理解文章，然后看这篇文章可以分成几个句子。我把《陋室铭》分成下面10句。在这里，我使用上一节给出的"茶室"记忆宫殿中的10个地点来记忆。将10句古文与10个地点相对应，然后提取转化，把每一句的关键词，和地点相连接。

序号	地点	原文	联想
1	门闩	山不在高，有仙则名。	打开门闩，看见一座山不是很高，上面住着一位有名的神仙。
2	古琴	水不在深，有龙则灵。	古琴在演奏着《高山流水》，水里飞出一条龙，很灵活。
3	圆凳	斯是陋室，惟吾德馨。	把圆凳上贴的纸撕开看里面，觉得很简陋，里面住着一个维吾尔族的人，得到了一颗心。
4	窗帘	苔痕上阶绿，草色入帘青。	窗帘上长了很多苔藓，留下了绿色的痕迹，草的颜色都进入了眼帘。
5	木制窗户	谈笑有鸿儒，往来无白丁。	打开木制窗户，看到很多人在外面谈笑风生，掉下来一些红色的蠕动的虫子，来来往往的人都不吃布丁。
6	花瓶	可以调素琴，阅金经。	形容一个人虚有其表就称为花瓶，但是这里的花瓶什么都会，可以调琴，还可以阅读经书。
7	椅子扶手	无丝竹之乱耳。	扶手上没有一丝丝的竹子发出声音来扰乱你的耳朵。
8	六边形窗户	无案牍之劳形。	六边形窗户上有一个人按着肚子（案牍的谐音）的人，身形很劳累的样子。
9	抱枕	南阳诸葛庐，西蜀子云亭。	南阳的诸葛亮在草庐里抱着一个抱枕，这个时候从西边飘来一朵紫色的云。
10	茶杯	孔子云：何陋之有？	孔子拿起水杯看了看说："这个杯子哪里漏油啦？"

记忆文言文《爱莲说》

爱莲说

［宋］周敦颐

水陆草木之花，可爱者甚蕃。晋陶渊明独爱菊，自李唐来，世人甚爱牡丹。予独爱莲之出淤泥而不染，濯清涟而不妖。中通外直，不蔓不枝，香远益清，亭亭净植，可远观而不可亵玩焉。

予谓菊，花之隐逸者也；牡丹，花之富贵者也；莲，花之君子者也。噫！菊之爱，陶后鲜有闻。莲之爱，同予者何人？牡丹之爱，宜乎众矣！

释义：

水上、陆地上各种草本木本的花，值得喜爱的非常多。晋代的陶渊明唯独喜爱菊花。从李氏唐朝以来，世人大多喜爱牡丹。我唯独喜爱莲花从积存的淤泥中长出却不被污染，经过清水的洗涤却不显得妖艳。（它的茎）中间贯通，外形挺直，不生蔓，也不长枝。香气远播后更加清香，笔直洁净地竖立在水中。（人们）可以远远地观赏（莲），而不可轻易地玩弄它啊。

我认为菊花，是花中的隐士；牡丹，是花中的富贵者；莲花，是花中的君子。唉！对于菊花的喜爱，在陶渊明以后很少听到了。对于莲花的喜爱，和我一样的还有谁？（对于）牡丹的喜爱，人数当然就很多了！

首先还是要通读理解文章，然后看这篇文章可以分成几个句子。我把《爱莲说》分成12句（如下表）。在下面的这张图中，找到了12个地点，分别与这12句话对应，并进行联想。

第七章
定位法：万事万物皆可记

序号	地点	原文	联想
1	多肉植物	水陆草木之花，可爱者甚蕃。	多肉植物既可以生活在水里，也可以生活在陆地上，还会开花，爱它的人非常多，烦它的也多。
2	电视机	晋陶渊明独爱菊，自李唐来，世人甚爱牡丹。	电视机本来就可以选择各种节目，陶渊明爱看有菊花的节目，唐朝的人爱看有牡丹的节目。
3	空调	予独爱莲之出淤泥而不染，濯清涟而不妖。	空调上有莲花的图案，莲花从淤泥中生长出来，没有沾染一点点泥巴，被小鸡啄了就不要了。
4	窗户	中通外直，不蔓不枝。	窗户中间打开就可以通风，外面是值得一看的风景；不紧不慢地打开后，就不要节外生枝了。
5	窗帘	香远益清，亭亭净植。	窗帘上喷了很多香水，远远地就可以闻得一清二楚，像一个亭亭玉立的美人儿静止在那里。
6	烧水壶	可远观而不可亵玩焉。	水烧开了之后就很烫手，所以只能远远地观看，不要用手去把玩，不然烫到手会冒烟。
7	空气净化器	予谓菊，花之隐逸者也。	空气净化器吃了菊花就会开始工作，所以我就喂它吃菊花，它就隐身开始工作。
8	墙上挂画	牡丹，花之富贵者也。	墙上的挂画上是一朵富贵的牡丹花。

105

序号	地点	原文	联想
9	沙发抱枕	莲，花之君子者也。	抱枕上长出了莲花，一个君子抱着抱枕。
10	茶几水果	噫！菊之爱，陶后鲜有闻。	果盘里有桔子、桃子，闻起来都很新鲜。
11	地毯	莲之爱，同予者何人。	地毯上长出的莲花，被同学在下雨天摘走了，没有任何人敢说话。
12	客厅吊灯	牡丹之爱，宜乎众矣。	吊灯上的牡丹花，被医护人员拿去当重要的药材了。

记完一遍之后，一定要回归到原文中去，不要把意思给曲解了。

记忆文言文《滕王阁序（节选）》

滕王阁序（节选）

[唐]王勃

豫章故郡，洪都新府。星分翼轸，地接衡庐。襟三江而带五湖，控蛮荆而引瓯越。物华天宝，龙光射牛斗之墟；人杰地灵，徐孺下陈蕃之榻。雄州雾列，俊采星驰。台隍枕夷夏之交，宾主尽东南之美。

释义：

这里是汉代的豫章郡城，如今是洪州的都督府，天上的方位属于翼、轸两星宿的分野，地上的位置连接着衡山和庐山。以三江为衣襟，以五湖为衣带，控制着楚地，连接着闽越。物类的精华，是上天的珍宝，宝剑的光芒直冲上牛、斗二星之间。人中有英杰，因大地有灵气，陈蕃专为徐孺设下几榻。雄伟的洪州城，房屋像雾一般罗列，英俊的人才，像繁星一样活跃。城池坐落在夷夏交界的要害之地，主人与宾客，集中了东南地区的英俊之才。

同样地，通读理解文章，然后将文章分成几个句子。这里分成了9句。使用一辆汽车作为"记忆宫殿"，在其上找到9个地点，与9个句子一一对应，进行联想。

序号	地点	原文	联想
1	车前灯	豫章故郡，洪都新府。	车前灯有两个，一个是章鱼形状的，一个是菌菇形状的，灯光找出来是红色的，照得人心服口服。
2	引擎盖	星分翼轸，地接衡庐。	引擎盖上面站着一个人很兴奋，在上面蹦蹦跳跳的，给他打了一针就倒地，横在马路上。
3	雨刮	襟三江而带五湖。	雨刮刮出来三条江和五个湖的水。
4	方向盘	控蛮荆而引瓯越。	转动方向盘就可以控制整个南京，"哦耶！开心！"
5	驾驶座	物华天宝，龙光射牛斗之墟。	驾驶座上放着五花肉，像天上掉下来的宝贝一样，突然从里面飞出一条龙，发出的光射到了牛，牛的脚都在发抖，身体发虚。
6	车门	人杰地灵，徐孺下陈蕃之榻。	徐孺打开车门，来到人杰地灵的地方迎接陈蕃。
7	轮胎	雄州雾列，俊采星驰。	轮胎把一只熊压成了一碗粥，喝完粥之后排成五列，迎接周星驰。
8	车后座	台隍枕夷夏之交。	抬着黄色的枕头进入后座，一下子就交到了很多朋友。
9	后备厢	宾主尽东南之美。	后备厢的门被冰住了，打不开。

请你试着在脑袋中一边想象一辆车的不同位置，一边背诵出原文。若出现遗忘，就回到对应位置，让联想变得更夸张、更适合记忆。

第六节　用数字定位法记三十六计

前面的章节已经要求大家记忆了00~99的数字编码，这些数字自带顺序，我们只需要把新的信息跟他们进行联想，就能轻松记住。前面介绍的人物宫殿、身体宫殿能记忆的信息量有限,数字宫殿可以记住100条信息。

你想体验一下这种成就感吗?我们用《孙子兵法》中的三十六计来感受一下数字宫殿的神奇吧!但是前提是你一定要熟记36个数字编码,如果没有记住,请返回去记住了再进行这一步。

数字	编码	计策	联想
01	小树	瞒天过海	你要渡过一片海,没有工具,就用树干作船,用树叶遮住自己,瞒着天,过了大海。
02	铃儿	围魏救赵	你把自己想象成一个老大,你摇一摇铃儿,就跑出来一群小弟,围着魏国救了赵国。
03	三角凳	借刀杀人	在一个客栈里,杀手把刀藏在三角凳下面,追杀的人来了直接从凳子下面掏出刀来杀人。
04	汽车	以逸待劳	一个人整天都坐在汽车里,用安逸代替了劳动。
05	手套	趁火打劫	戴着一双刀枪不入、水火不侵的手套,趁着着火去打劫。
06	手枪	声东击西	用手枪打东边发出声音,子弹却击中了西边的人。
07	锄头	无中生有	用锄头挖地,本来什么都没有,结果挖着、挖着,挖出来很多油。
08	溜冰鞋	暗度陈仓	穿着溜冰鞋在暗处悄悄地渡过了陈旧的仓库。
09	猫	隔岸观火	猫躲在岸的这一边,观看对面着火的形势。
10	棒球	笑里藏刀	棒子击打出来的球,朝你的脸飞过来,上面画着一个笑脸,快到你脸上的时候,突然伸出来一把刀。
11	筷子	李代桃僵	筷子有一对,一根是李子树的树枝做的,一根是桃子树的树枝做的,用李子这根代替桃子那根去夹生姜。
12	椅儿	顺手牵羊	椅儿的椅背上拴着一只羊,小偷顺手就把羊牵走了。
13	医生	打草惊蛇	古代的医生都要上山采草药,因为怕草太深被蛇咬,所以要拿根棍子在手上,一边打草,把蛇给惊走,一边往前走。

续表

数字	编码	计策	联想
14	钥匙	借尸还魂	拿钥匙把放尸体的箱子打开，把尸体借走，还回来的却是魂魄。
15	鹦鹉	调虎离山	鹦鹉嘴里咬着一块肉，引着地上的老虎离开这座山。
16	石榴	欲擒故纵	"欲擒"谐音"玉琴"；"故纵"谐音"古钟"。一边弹着玉做的琴，一边吃着石榴，旁边的古钟发出来长长的一声钟鸣声："噔——"
17	仪器	抛砖引玉	有一种仪器可以将抛出去的砖头，变成一块美玉引回来。
18	腰包	擒贼擒王	腰包是贼王偷走的。
19	药酒	釜底抽薪	从斧头底下抽出很多薪水买药酒喝。
20	香烟	浑水摸鱼	一整包香烟在水面上全部点燃，冒出了一阵烟，趁着这个时候在浑水里摸鱼。
21	鳄鱼	金蝉脱壳	鳄鱼也有硬硬的壳，把鳄鱼想象成一只金色的蝉，到了季节会脱掉它的壳。
22	双胞胎	关门捉贼	一对双胞胎关门把贼捉住了。
23	和尚	远交近攻	和尚和远处山上的和尚交朋友，攻打近处山上的和尚。
24	闹钟	假道伐虢	谐音"嫁到法国"，想象早上闹钟一响，就立马嫁到法国。
25	二胡	偷梁换柱	趁着拉二胡的声音干扰，把粮食偷了，换成了猪肉。
26	河流	指桑骂槐	在河流的这一边，指着桑树骂对面的槐树。
27	耳机	假痴不癫	戴上耳机，假装痴痴癫癫的样子。
28	恶霸	上屋抽梯	恶霸被追赶到了屋顶，于是我就把梯子给抽了，让他下不来。
29	饿囚	树上开花	一个饿得瘦骨嶙峋的囚犯，爬上树去吃树上开的花。
30	三轮车	反客为主	我嫌弃三轮车的主人骑得太慢了，于是我把他赶下去，自己成了三轮车的主人。
31	鲨鱼	美人计	鲨鱼就可以联想到美人鱼。
32	扇儿	空城计	诸葛亮拿着一把扇儿，把一座城给扇空了。

续表

数字	编码	计策	联想
33	星星	反间计	"反间"谐音"凡间"。星星掉入了凡间。
34	绅士	苦肉计	绅士每天拿着拐杖扮演乞丐,用苦肉计骗取钱财。
35	山虎	连环计	动物园训练老虎,跳连着的火环。
36	山鹿	走为上计	山鹿的屁股后面跟着一只豹子,山鹿就一路狂奔,走为上计。

第七节 用数字定位法记红酒的54种味道

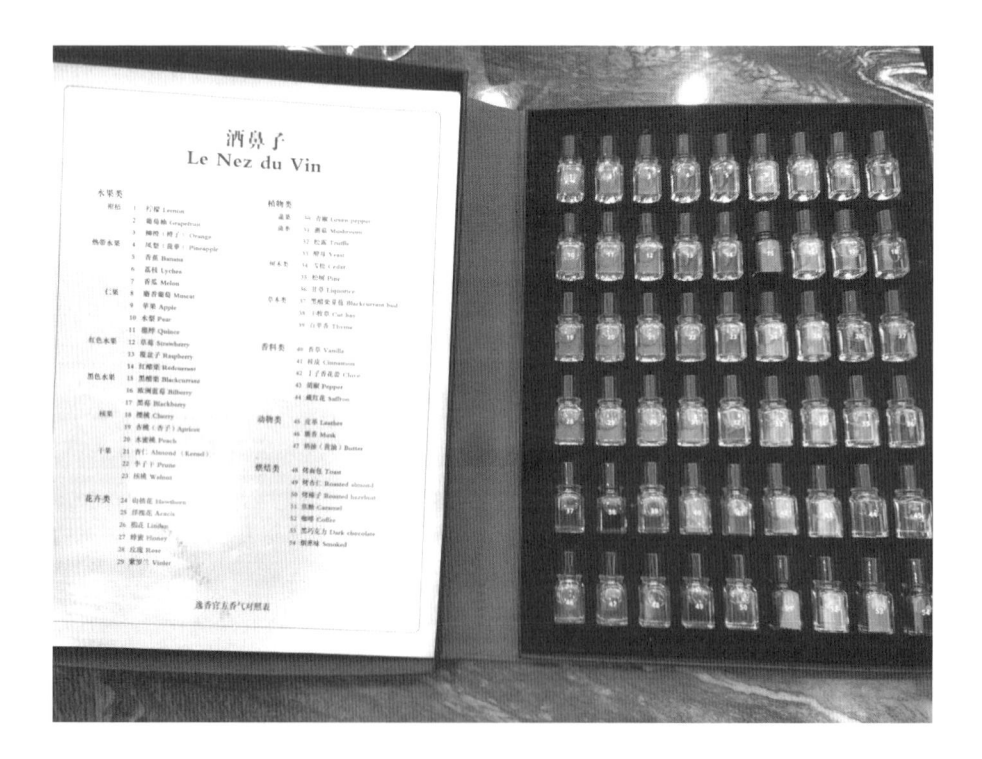

第七章
定位法：万事万物皆可记

这是我在参加一个品酒会的时候，品酒师给我展示的红酒的54种味道，说考品酒师的时候这是需要记忆的。我当时惊呆了，小小的一杯红酒，竟有这么多门道！

我说，不到5分钟，我就可以记下来这54种味道。大家都不信，最后当我完全正确地展示给他们看的时候，他们的下巴都要掉到地上了。

你应该已经猜到我是用的什么方法了吧？如果你已经把前面的数字编码记得滚瓜烂熟了，说不定你比我记得还快呢！

序号	数字编码	红酒味道	联想
01	小树	柠檬	小树上长满了柠檬。你站在树下，一个柠檬掉下来砸中了你，你一生气就一口咬下去，酸得你牙齿都快掉了。
02	铃儿	葡萄柚	有一个柚子那么大的铃铛，剥开皮里面却是一粒、一粒的葡萄。
03	三角凳	柳橙	你在三角凳的每个凳腿下放一个橙子，往上一坐，就榨出了橙汁。
04	汽车	凤梨	开着一辆菠萝形状的汽车，风里（"凤梨"的谐音）来，雨里去。
05	手套	香蕉	伸出你的手，看看你的手指头，它们变成了一根根的香蕉，剥皮就可以吃。
06	手枪	荔枝	手枪里打出来的子弹，都是一颗颗剥了皮的荔枝，水嫩嫩的。
07	锄头	香瓜	香瓜本来不是长在地底下的，现在想象你自己种的香瓜金黄、金黄的，全都埋在地底下，需要你用锄头才能挖出来。
08	溜冰鞋	麝香葡萄	溜冰鞋穿过了之后就会有臭味，在里面放上香香的葡萄除臭。
09	猫	苹果	猫把苹果抓出一条条的爪印，被抓的地方立马就氧化了。
10	棒球	水梨	棒球的球是梨子，梨子里面灌满了水，用棒子打过去，梨子瞬间破裂，水都喷洒出来，弄得你满脸、满身都是。

序号	数字编码	红酒味道	联想
11	筷子	榅桲	你可能不认识榅桲（wēn po）这两个字，但可以把它想象成"温暖的香饽饽"。用筷子夹起刚刚新鲜出炉的香饽饽送进嘴里，满足感爆棚。
12	椅儿	草莓	椅儿有神奇的功效，每个人坐上去，屁股就会变成草莓。
13	医生	覆盆子	医生做手术的时候，需要先付钱买盆子，去装那些手术器材。
14	钥匙	红醋栗	钥匙上面挂了一个板栗的钥匙扣，这个板栗裹满了红色的醋，一阵阵的醋味飘来。
15	鹦鹉	黑醋栗	可以和上面的红醋栗放在一起记忆，想象鹦鹉嘴巴里咬着或者爪子里叼着一个板栗，是裹着黑色的醋。
16	石榴	欧洲蓝莓	拨开石榴皮，本来是一粒粒红色的石榴，结果变成了一粒粒蓝色的蓝莓。
17	仪器	黑莓	用显微镜来研究发黑了的草莓里面有什么微生物。
18	腰包	樱桃	一个大美女，长着樱桃小嘴，挎着洋气的腰包，和闺蜜一起出去逛街。
19	药酒	杏桃	药酒里面泡着满满的、心形的桃子。
20	香烟	水蜜桃	由水蜜桃可以想到孙悟空。孙悟空一边抽着香烟，一边吃着水蜜桃。
21	鳄鱼	杏仁	"杏仁"谐音"行人"。鳄鱼从沼泽里突然窜出来，咬住了路上的行人。
22	双胞胎	李子干	双胞胎放学一回家，就把一整袋李子都干完了。
23	和尚	核桃	和尚的铁头功，可以用来砸核桃。
24	闹钟	山楂花	每天闹钟一响，就去山上采山楂，一边吃山楂一边欣赏花。
25	二胡	洋槐花	二胡的声音太悲伤了，就学羊"咩咩咩"地叫，还戴着一朵小红花。
26	河流	椴花	河流里面的树断了，不再流动，花也不开放了。
27	耳机	蜂蜜	用耳机听音乐，声音太甜了，甜甜的声音化成蜂蜜从耳机里面流出来了。

第七章 定位法：万事万物皆可记

续表

序号	数字编码	红酒味道	联想
28	恶霸	玫瑰	恶霸改邪归正，嘴里叼着一枝玫瑰向心爱的女子求婚。
29	饿囚	紫罗兰	饿囚的囚服是紫罗兰色的。
30	三轮车	青椒	菜农用三轮车装着一车的青椒，每天在路边叫卖。
31	鲨鱼	蘑菇	鲨鱼剪了一个蘑菇头，变成傻傻的鱼。
32	扇儿	松露	大热天的挖松露太热了，用扇子不停地扇啊扇。
33	星星	酵母	星星总是在应该睡觉的时候偷偷溜出去，然后被母亲捏着耳朵提回去了。
34	绅士	雪松	绅士的帽子上顶着一颗雪松，不时地掉落雪花，让别人误以为是头皮屑。
35	山虎	松树	武松打虎。
36	山鹿	甘草	山鹿喜欢吃甘甜的草。
37	山鸡	黑醋栗芽孢	还记得黑醋栗是第几个吗？没错，是第15个。15的数字编码是鹦鹉，鹦鹉和山鸡其实是有点像的，所以可以放在一起记忆。
38	妇女	干牧草	妇女每天到稻田里去收取干的牧草。
39	三角板	百里香	用三角板量了一下，真的是方圆一百里的地方都有香味。
40	司令	香草	司令每次从部队回家，都要吃香草冰激凌。
41	司仪	桂皮	司仪在主持婚礼的时候，穿着一身很贵的皮草。
42	柿儿	丁子香花蕾	吃柿儿的时候，吃出来一颗钉子，这个钉子还很香，长出了花蕾。
43	石山	胡椒	石山上面结出了很多胡椒，爬山累了就可以摘着吃，激发自己的斗志。
44	蛇	藏红花	有毒的蛇身上都长满了红色的花。
45	师傅	皮革	师傅不穿袈裟，穿皮革。
46	饲料	麝香	饲料里面加了过量的麝香，把动物都毒死了。

续表

序号	数字编码	红酒味道	联想
47	司机	奶油	司机在方向盘上放了很多奶油，饿的时候就舔一舔奶油充饥。
48	石板	烤面包	在石板上烤面包，超级香。
49	湿狗	烤杏仁	湿狗太冷了，烤个杏仁给它吃一吃，暖一暖。
50	武林盟主	烤榛子	奥运会的时候，身上起了很多疹子。
51	工人	焦糖	工人穿的工作服都是焦糖色的。
52	鼓儿	咖啡	把咖啡粒放在鼓儿上，一敲鼓，咖啡就在上面跳舞。
53	乌纱帽	黑巧克力	包青天戴着乌纱帽，黑着脸，一边办案，一边吃黑巧克力。
54	武士	烟熏味	武士的刀用来切培根，所以有股烟熏味。

内容比较多，你可以每10个分为一组，记完10个，复习一轮，这样也不至于记了后面的，忘记前面的。全部复习完，默写下来。

序号	味道	序号	味道	序号	味道	序号	味道	序号	味道	序号	味道
01		10		19		28		37		46	
02		11		20		29		38		47	
03		12		21		30		39		48	
04		13		22		31		40		49	
05		14		23		32		41		50	
06		15		24		33		42		51	
07		16		25		34		43		52	
08		17		26		35		44		53	
09		18		27		36		45		54	

记住这54种味道，不仅可以让你在社交场合多一点谈资，还可以帮助你开发一个新的技能，技多不压身嘛！

章节重点

1. 定位法的核心是"以熟记新",常用定位法有人物定位、地点定位、数字定位等。

2. 找地点时要遵循的原则:熟悉、有序、有特征等。

3. 地点定位比较万能,多积累地点桩,这样在需要用的时候才可以信手拈来。

第八章
思维导图：大脑的瑞士军刀

CHAPTER 8

第一节　认识思维导图

思维导图是由托尼·博赞于1968年发明的，被誉为"大脑的瑞士军刀"。这是一种图文并茂形式的可视化笔记，可以锻炼多维度思考能力，全面提升大脑的创造、思维、逻辑等能力。

作为一种实用的学习工具，思维导图已经在世界范围内被广泛使用。老师用思维导图来备课，可以把知识结构更加清晰地展现给学生，让课堂更加充满魅力；学生用思维导图做预习、学习和复习笔记，思路更广阔，学习更高效；职场人士用思维导图来做职业规划、工作计划、客户沟通等，可以更好达成目标，完成职场晋升；企业用思维导图做头脑风暴、项目策划、员工培训、产品设计、会议笔记等，大大节省了人力、物力和财力；生活中，思维导图也被用来做旅游计划、身材管理、时间管理等，让生活更加美好。

那么，思维导图为什么有这么大的魔力，又究竟如何使用呢？本章将带你揭开思维导图的神秘面纱。

思维导图的作用

1. 建立联系

思维导图呈网状结构，我们需要建立节点和节点之间的联系，让分散的知识相互联系，并形成一个完整的结构。思维导图总是从是什么（what）、为什么（why）、怎么做（how）三方面来提醒我们思考问题，帮助我们建立思维模型。

2. 打开思路

思维导图不是封闭的，正相反，通过发散思考和纵深思考，它能够不断地向外扩展。把随时冒出来的新想法补充在线条上，用线条的流动性激发创造力，让我们思绪更加开阔。

3. 形成体系

通过整理和连接，思维导图可以把碎片化知识变成整体，把独立的知识点组合成属于自己的知识结晶。

如何阅读一幅思维导图

学习绘制思维导图之前，要先学会看懂思维导图。一幅完整的思维导图必须有中心图、主干、分支、关键词，而图像、符号、颜色可以看情况添加。

1. 中心图

顾名思义，中心图就是位于图片最中心、最大、最吸引眼球的图，是用于呈现主题内容的。中心图大约占整个画面的1/9大小，有3种以上的颜色。

2. 主干

有几个主干就表明分成了几个类别。主干一般都是牛角形状，紧密连接着中心图和后面的分支，从中心往外围扩散，由粗到细。一个大主干是一种颜色。

3. 分支

分支都是弧线，用来承载关键词，引导我们的视线走向。

4. 关键词

关键词是分支上面的字，字数一般在4个以内。

以一张思维导图为例（见附录彩图1）：

其中心图就是位于画面中心的时钟和沙漏，主题是"终结拖延症"。虽然"终结"两个字没有写出来，但是看见有一把剪刀把拖延的尾巴剪断，就可以理解意思。主干是"问""答""疑""解"4个字，整个主题就包含着4个部分。阅读时，一般从右上角第一个分支开始，顺时针阅读，也就是先看"问"，再依次看"答""疑""解"。后面的部分就是分支，包括二级分支、三级分支……分支是对主干内容展开的细致说明。

第二节　思维导图绘制工具

绘制思维导图需要"知行合一"，必须做到手到、眼到、心到，缺一不可。"工欲善其事，必先利其器"，先着手准备你的"利器"吧！

白纸

刚开始学习和训练思维导图，推荐使用A4白纸，因为它便于携带，大小适中，有足够的空间呈现内容。

为什么要用白纸绘制导图呢？这是因为带有线条和图案的本子会限制大脑的思维，还容易导致视觉干扰，而在白纸上绘画，可以天马行空，任你的思维遨游。当你熟练使用思维导图后，可以尝试在不同样式、不同材料的纸张上进行创作。

各式各样的笔

也许你曾见过绘制得十分精美的思维导图，它们五颜六色，有用蜡笔绘制的，有用水彩笔绘制的，也有用彩铅绘制的……那么，我们绘制思维导图的时候，也需要准备各式各样的彩笔吗？其实，并不需要都准备齐全，在绘制思维导图时有一支笔、一页纸就可以绘制导图。工具是辅助，思维才是核心。下面介绍几种笔的用法：

1. 中性笔

中性笔适合用于起稿，有些人起稿用铅笔，但除三年级以下的孩子外，我不建议用铅笔起稿。思维导图又称"脑图"，是脑海里的图画，因此在下笔之前，脑海里应该预先构思好导图的大概框架。中性笔可以倒逼着自己在下笔的时候稍微谨慎一些。不过也不需要把犯错看得那么严重，随着思维的发散和完善，思维导图是可以不断修正和升级的。

2. 针管笔

粗细不同的针管笔可以在绘制中心图的时候灵活应用，粗的可以填色、画边框和绘图，细的可以写关键字。

3. 彩色笔

彩色笔包括水彩笔、彩铅、蜡笔等，在绘制中心图和对分支上色时都需要用到。

一个干净的桌面和一颗放松的心

除了必要的工具之外，请准备好一个干净的桌面。《匠人精神》的作者秋山利辉在书里说道："进入作业场所前，必须成为很会打扫整理的人。"让你的桌面保持整洁，这是一种仪式感，也是为接下来做的事情开启一个良好的开端。

准备一颗放松的心也很重要，因为紧张状态不利于思绪的流动和灵感的迸发。

第三节　思维导图绘制流程

不需要你前期做很多功课，你需要做的仅仅是拿起笔，开始行动！以自我介绍为例，教你快速学会绘制导图的技巧。

步骤一：纸张横放，画中心图，呈现放射状

中心图可以直接写主题，也可以画出跟中心主题贴切的图。比如，你要归纳一本书，就可以画一本书，写上书名；你要写作文，就把作文主题画出来；等等。这里，我们要做自我介绍，可以运用学习的记忆法把名字转化成图像画出来。需要注意以下三点：

1. 大小

中心图大小占A4纸的1/9，可以把纸折成九宫格，中间一块画中心图。稍微熟练之后，只需要找到对角线的交点就可以开始绘制；大小也可以根据内容多少来调节，内容多，中心图小；内容少，中心图大，但最大也不要超过纸张大小的1/9。

2. 颜色

中心图颜色需要3种以上。在一个画面当中，颜色最丰富的肯定是最吸引眼球的，而中心图就是要达到"吸睛"的效果。

3. 内容

图像可以通过谐音、代替、增减字来转化。比如，"陈琴"谐音"橙琴"，用一台橙色的钢琴来表示；"计划"可以用"日历"指代；"记录"可以用一支笔、一张纸指代。

步骤二：画主干和分支（线条）

1. 主干

从右上角开始画第一个主干，紧密连接中心图，由粗到细，主干上的字比中心主题的字小，略大于分支的字。同一条主干分支颜色相同，不同的主干分支颜色不同；主干一般是3~7条，太多了不利于思考和记忆，并且也会显得画面拥挤。

把你想介绍自己的内容分成几个部分，每个部分总结一个关键词，写在主干上。

2. 分支

用流畅的弧线，承载关键词，线的长度约等于关键词的长度。

步骤三：写关键词

1. 字数

关键词字数尽量控制在4个字以内，字写在线上，关键词有多长，线就画多长。

2. 颜色

每条主干的关键词和主干颜色一致，也可以全图文字是黑色，节约时间。

3. 内容

关键词是能够概括重点信息、表达中心思想、理清逻辑关系的词语，可以加深对内容的理解和记忆。可以通过给内容划分层次，或根据时间、地点、人物、事件、目的、做法（5W1H）来提取关键词。这个能力需要长期训练，不是一蹴而就的。

到这一步，思维导图就基本成形了（见下图），后面的两个步骤是用于进一步提升思维导图的可观赏性的：

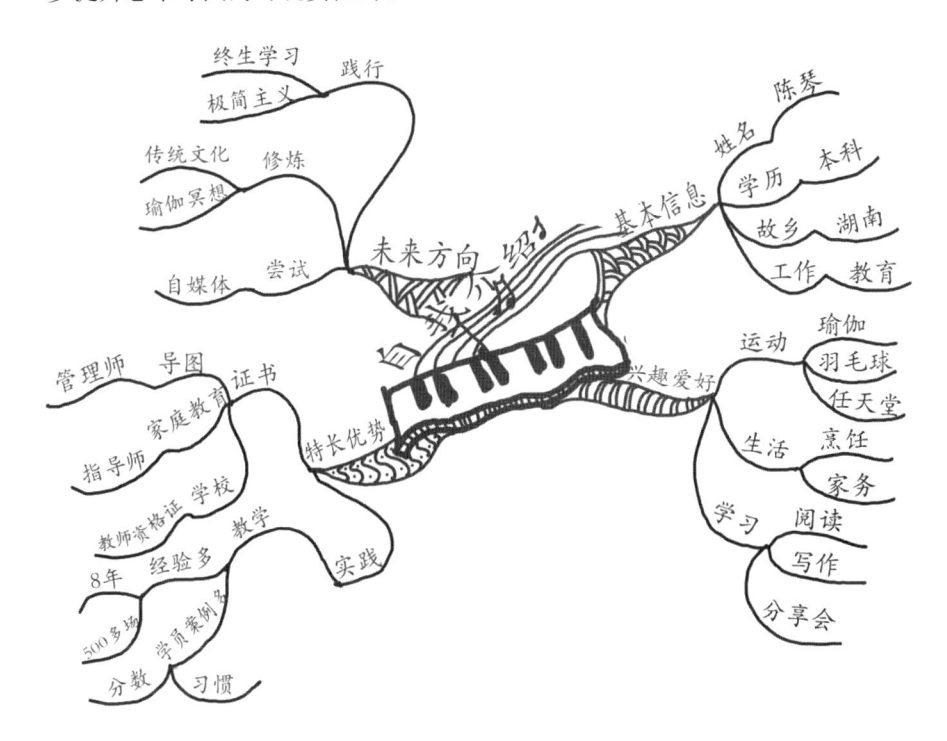

步骤四：画小图像

1. 形式

简图、代码、符号等小图画在线条上方，或者是关键信息的旁边。

2. 作用

突出重点信息，便于理解和记忆。

3. 方法

利用抽象转形象的方法，包括谐音、代替、增减倒字。

有图像是思维导图与线性笔记的一个明显区别。但并非所有的地方都需要画图，只需要在一些比较抽象的、重点的、难以记忆的地方画出小图像。一定不要为了画图而画图。图像和内容之间要有关联，不然就算画得再好看，不符合表达的中心思想，也是徒劳无功。

步骤五：上色

相邻分支最好用对比色进行区分，对比色就是红色和绿色、蓝色和橙色、黄色和紫色。颜色分为冷色系和暖色系，在思维导图中，我们一般会运用红、橙、黄、绿、蓝、紫六大颜色，黑色用来勾勒线条和写字，灰色可以作为打底，凸显主体，制造立体感。

人类天生就对色彩有着高度的敏感。同样一幅图画，彩色的总比黑白的冲击力更强，带来的视觉感受更加强烈。心理学家朗诺·格林指出，利用颜色传达视觉信息，可以提升80%的阅读意愿和参与动机。

通过上面的5个步骤就可以基本掌握思维导图的绘制技巧了。圆圈不圆、线条不好，这些都没关系，因为思维导图的重点是呈现内容，如果可以绘制得好看，当然是锦上添花，但是如果不好看，也没事，毕竟实用才是王道！

第四节　水平思考与垂直思考

水平思考

水平思考（并联式思考/发散性思考），又可以叫作"开花"训练，是指把一个中心词写在中间，像花蕊一样，然后根据这个中心词进行联想，并将联想出来的信息写在花瓣上。我经常在课堂上，给学生做这样的思维训练，限定3分钟的时间，看谁联想到的词语个数最多。这是非常有利于打开思路的一种训练。

比如，"幸福"这个词语，可以联想到家人、爱情、老有所依、有房有车、有存款、海边、美食，等等。这些词都是跟幸福直接相关的，都可以写下来。

第八章
思维导图：大脑的瑞士军刀

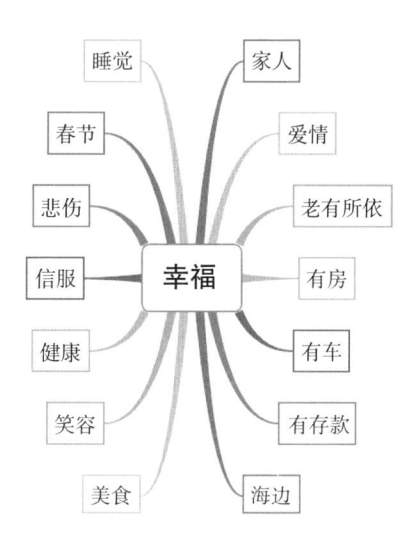

思维导图（幸福）：睡觉、家人、春节、爱情、悲伤、老有所依、信服、有房、健康、有车、笑容、有存款、美食、海边

又如，"彩虹"可以让你想到什么？可以尽情地想，不分对错。

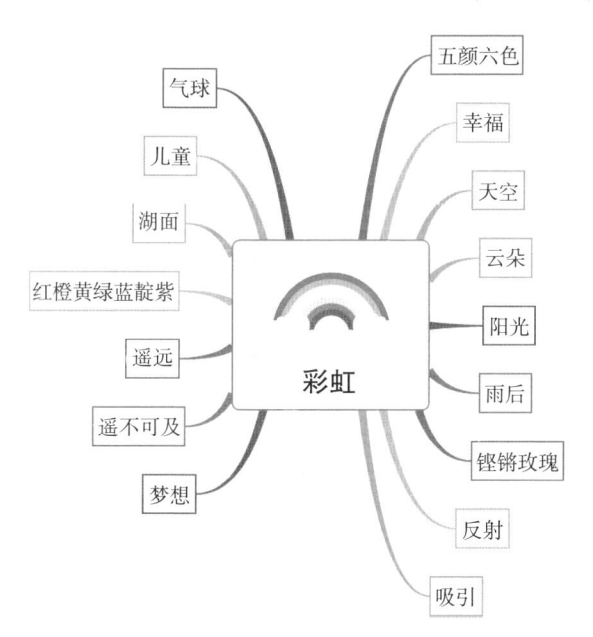

思维导图（彩虹）：气球、五颜六色、儿童、幸福、湖面、天空、红橙黄绿蓝靛紫、云朵、遥远、阳光、遥不可及、雨后、梦想、铿锵玫瑰、反射、吸引

做几个小练习吧！做"开花"训练的时候，请你摒弃一切杂念，让你思维活跃起来，自由、随性地思考。注意：单次训练限时3分钟。

◆ | 脑力赋能：小白轻松变记忆高手

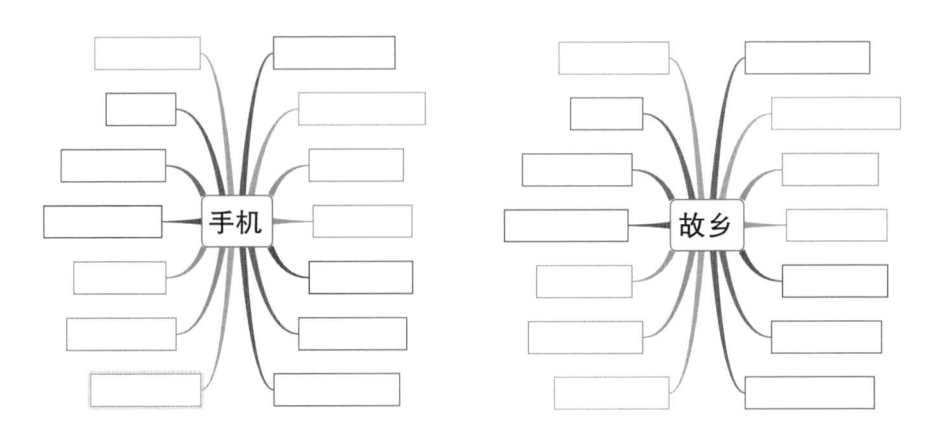

从多个角度进行思考，比如从空间接近、时间接近、外形接近等角度去思考。继续训练几组：

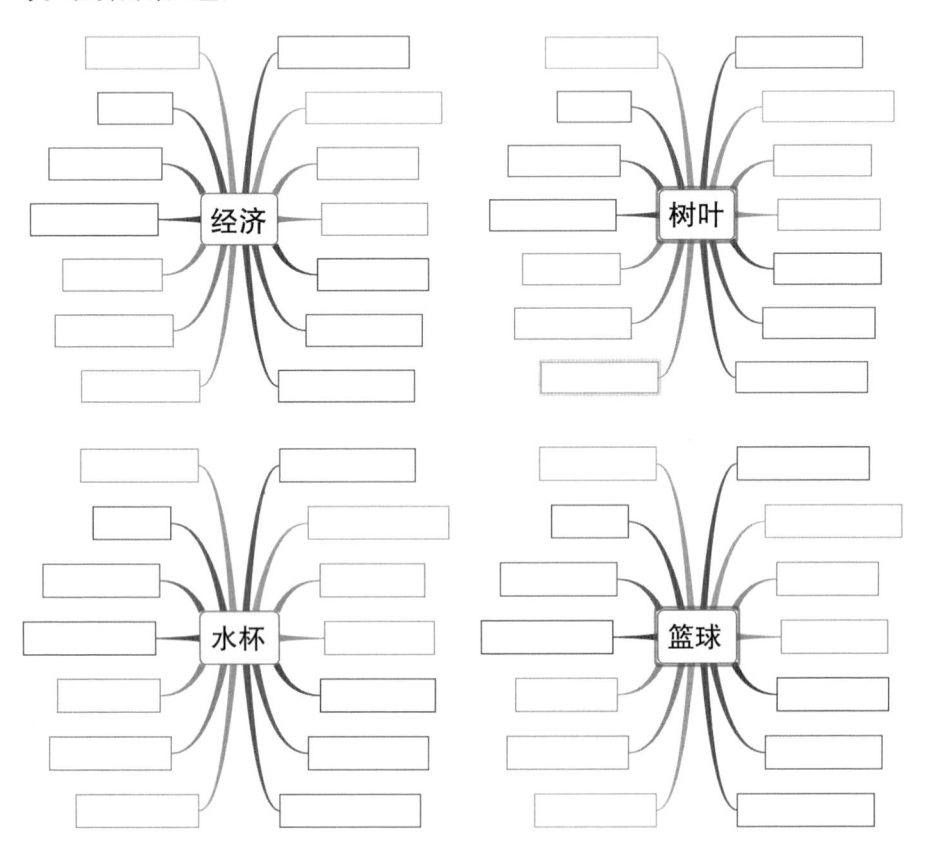

126

水平思考很适合用于想新点子、做创意策划、头脑风暴，对写作文困难的学生，也非常有帮助。

垂直思考

垂直思考又可以叫作"流水"训练。比如，从"幸福"想到"家人"，从"家人"想到"温馨"，从"温馨"想到"灯光"，从"灯光"想到"爱因斯坦"，从"爱因斯坦"想到"大脑"（见下图）……你可以一直联想下去，每一个词语只跟上一下和下一个有直接的关系，这就是垂直思考。

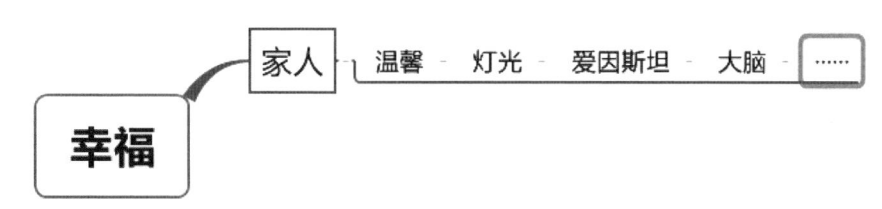

幸福 — 家人 — 温馨 — 灯光 — 爱因斯坦 — 大脑 — ……

垂直思考有助于思维进行延展。以垂直的路径向上或者向下思考，前后具有递进或因果关系，所以产生的想法一般都比较具有逻辑性，适用于会议记录、思考方案、工作汇报和计划等方面。

请你自己就下面的词语进行"流水"训练：

故乡：＿＿＿＿＿＿＿＿＿＿＿＿＿＿＿＿＿＿＿＿＿＿＿＿＿＿＿

经济：＿＿＿＿＿＿＿＿＿＿＿＿＿＿＿＿＿＿＿＿＿＿＿＿＿＿＿

手机：＿＿＿＿＿＿＿＿＿＿＿＿＿＿＿＿＿＿＿＿＿＿＿＿＿＿＿

篮球：＿＿＿＿＿＿＿＿＿＿＿＿＿＿＿＿＿＿＿＿＿＿＿＿＿＿＿

水平思考和垂直思考，不仅可以运用在生活中，还可以运用在工作和学习中。经常练习，思维会得到提升哦！

第五节　用思维导图记文章

如今，很多学校在普及思维导图，大多都是教学生用思维导图做笔记、整理重点。其实，除了这两个用途，思维导图还有很多其他的功能。

用思维导图记文章《海上日出》

> ### 海上日出
> #### 巴金
>
> 　　为了看日出，我常常早起。那时天还没有大亮，周围很静，只听见船里机器的声音。
>
> 　　天空还是一片浅蓝，很浅很浅的。转眼间，天水相接的地方出现了一道红霞。红霞的范围慢慢扩大，越来越亮。我知道太阳就要从天边升起来了，便目不转睛地望着那里。
>
> 　　果然，过了一会儿，那里出现了太阳的小半边脸，红是红得很，却没有亮光。太阳像负着什么重担似的，慢慢儿，一纵一纵地，使劲儿向上升。到了最后，它终于冲破了云霞，完全跳出了海面，颜色真红得可爱。一刹那间，这深红的圆东西发出夺目的亮光，射得人眼睛发痛。它旁边的云也突然有了光彩。
>
> 　　有时太阳躲进云里。阳光透过云缝直射到水面上，很难分辨出哪里是水，哪里是天，只看见一片灿烂的亮光。
>
> 　　有时候天边有黑云，而且云片很厚，太阳升起来，人就不能够看见。然而太阳在黑云背后放射它的光芒，给黑云镶了一道光亮的金边。后来，太阳慢慢透出重围，出现在天空，把一片片云染成了紫色或者红色。这时候，不仅是太阳、云和海水，连我自己也成了光亮的了。
>
> 　　这不是伟大的奇观么？

我们按照以下四步来画这篇文章的思维导图：

第一，通读全文，了解课文的中心思想和内容，把不认识的生字词标注出来。

第二，把文章分成几个部分，确定中心图和主干。

第三，梳理每个部分的关系，提取关键词。

第四，把重要的关键词转化成图像，两者相结合，加深对词语的认识和印象。

思维导图是一种图像思维工具，它能够让知识结构更加清晰，增强学生的立体思维能力和记忆力。画思维导图不仅是为了记住课文，还是为了让学生在绘制思维导图的过程中，展开想象的翅膀，充分刺激大脑，提高对学习的兴趣。

附录彩图2是我的学员根据《海上日出》绘制的思维导图。她很开心地告诉我说，画完就把整篇文章记下来了！

用思维导图记古文《菊》和《莲》

> **菊**
>
> 　　菊花盛开，清香四溢。其瓣如丝、如爪。其色或黄、或白、或赭、或红，种类繁多。性耐寒，严霜既降，百花零落，惟菊独盛。
>
> **释义：**
>
> 　　菊花盛开的时候，清香四处散发。它的花瓣，有的像细丝，有的像鸟雀的爪子。它的颜色，有的黄、有的白、有的褐、有的红，种类繁多。菊花的特性是，能经受寒冷，寒霜降落以后，许多花凋谢了，只有菊花独自在盛开。
>
> **莲**
>
> 　　莲花，亦曰荷花。种于暮春，开于盛夏。其叶，大者如盘，小者如钱。茎横泥中，其名曰藕。其实曰莲子。藕与莲子，皆可食也。
>
> **释义：**
>
> 　　莲花，也叫作荷花。暮春时节栽种，盛夏时节开花。莲花的叶子，大的就像盘子一样，小的则像铜钱一般。莲花的茎横在泥土中，它的名字叫作莲藕。它的果实叫莲子。莲藕与莲子，都可以食用。

这两篇文章常被放在一块,进行对比学习,因此可以将它们画在同一张思维导图中。请你按照上文列出的四个步骤,画出你自己的思维导图。

附录彩图3是一个示例。记住,先自己尝试一下再看示例哦!

用思维导图记文章

1. 理关系

结合文章,梳理每个段落或者部分之间的关系,然后结合导图,沿着曲线的导向,梳理每个关键词之间的关系,梳理完一遍导图之后,就能对文章的内容有个大体的把控了。

2. 复述

复述包括两点,一是复述导图上的关键词,二是复述文章的全部内容。如果你只是需要熟悉全文,那么只要复述关键词就可以满足需求;但是如果你需要一字不错地背诵全文,那就需要多花点时间复述文章的全部内容。

3. 背诵文章

一边回想思维导图,一边背诵文章,背不下来的地方,在导图上做个记号,证明这个地方需要再加上一些记忆的线索或者图像。

这一部分的内容也可以画成一幅思维导图哦(见下页图)!

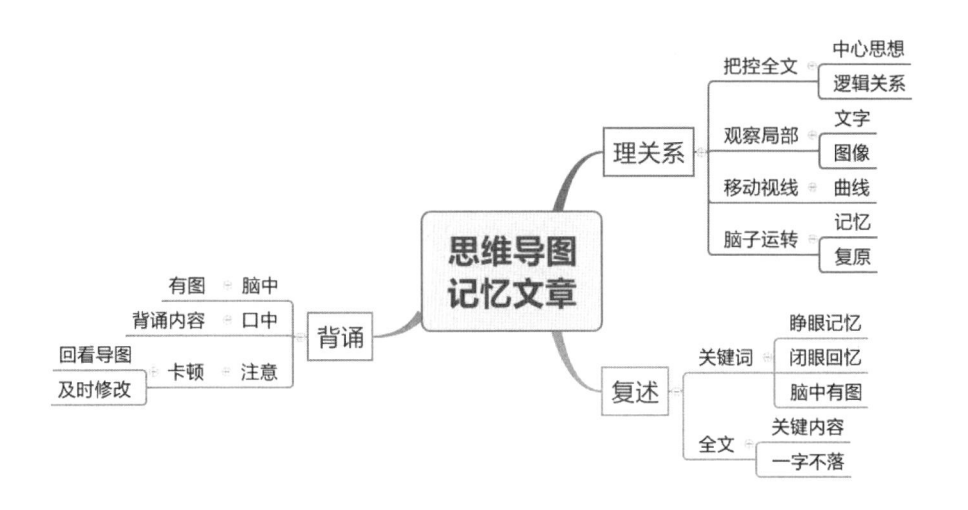

第六节 用思维导图做笔记

思维导图不仅可以用来整理已有的内容——古诗、文言文、现代文等，还可以用来整理未成形的内容——笔记、购物清单、工作计划等。相比于传统的笔记，思维导图的优势明显。

传统笔记	思维导图
☒ 无关内容过多，关键词不清。	☑ 结构清晰，关键词一目了然。
☒ 看起来枯燥，不易于记忆。	☑ 图文结合，形象生动，容易记忆。
☒ 线性思维，抑制创造力。	☑ 发散性思维，激发创造力
☒ 浪费时间。	☑ 节约时间

运用思维导图做学习笔记，不仅记得更快，还更有针对性。思维导图只记录重点内容，而不需要你一字、一句地写下老师说的话，或者完完整整地抄

下书本中的原文。但是，思维导图需要你进行思考，通过思考，你可以对一节课、一篇文章、一个章节甚至一整本书的内容融会贯通，真正学会知识。这个过程不是一蹴即就的，你可以根据需求，不断对思维导图进行修改和升级。

思维导图不是千篇一律的，即使是同一个主题，根据每个人需求和理解的不同，思维导图都会不同。这也是我在前文让你先自己动手画，再去看示例图片的原因。只有通过思考，进行了详略取舍，你才能对笔记内容有更加深刻的理解，进而通过整理笔记的过程，不断将知识内化，形成自己的知识体系。

以听课笔记举例，我们具体来看用思维导图做笔记的步骤：

步骤一：建立体系

老师讲课的时候是有逻辑的，按照课本的知识体系或老师讲课的思路，边看、边听、边梳理，找出重点模块，建立好主干。

步骤二：记录重点、难点

讲课过程中，老师有时会强调"这个很重要"，甚至直接要求学生做记录，这些时候提到的内容就是重点。难点是指自己难以理解的、对自己有启发的，或者涉及知识盲区的内容。一般来说，重点对于整个班级都一样，而每个人的难点都不尽相同。

步骤三：简单快速记录

不要为了做笔记而耽误听课，记录的时候，要尽量快速、简写、提炼关键词，只要自己看得懂就行。

步骤四：笔记升级

课后记得再次整理笔记，这样既可以复习课堂内容，加深印象，又可以查漏补缺。

如果你是一名学生，想提高复习效率，可以每周用思维导图整理当周的知识要点，学完每一个单元，再整理一幅思维导图。这样，你到考试的时候，就不用看堆积成山的复习资料了，因为你已经在整理的过程中，不断加深印象了。

第七节　用思维导图做学习计划和旅游计划

学习计划

凡事预则立，不预则废。做任何事情，有了计划，就有了明确的执行方向，就能让事情向我们想要的结果去靠近，即使"计划赶不上变化"，也可以及时调整步伐，不至于从头再来，或者焦虑不安。

思维导图就像一个贴身管家。在学习上，它可以制订学年计划、学期计划、月计划、周计划、日计划，还可以制订每个科目的计划。通过学习计划，我们可以清楚掌握学习情况，养成合理安排时间的好习惯，并且可以随时做出相应的调整，不至于造成混乱，从而高效学习。

每个人的情况都不一样，没有一个计划模板是适合所有人的。自己根据实际情况做出适合自己的学习或工作计划是最好的，别人的建议都只是参考。

下面，你可以试着自己做一下学习计划：

首先，进行详细的自我分析，从你目前的学习状态、学习成绩、优势和劣势等方面入手分析。

其次，根据自我分析，制定学习目标。记住，目标一定要明确，并且是跳一跳可以够得着的，不要笼统、含糊不清、无法界定的目标。

再次，进行时间分配，把学习时间和休息时间结合起来，考虑可行性。

最后，进行必要的补充和说明，也可以制定奖惩机制，做到赏罚分明。

旅游计划

虽然大家总是向往一场"说走就走的旅行"，但是实际情况是，没有计划的旅行容易令人丢三落四，玩得不痛快。现在，想象你将要去海边度假，请用思维导图来整理一份需要携带的物品清单吧！

附录彩图4是一个示例，对比看看你漏掉了什么吧！

第八节　关于思维导图学习的疑问与解答

问题1：我不会画画，是不是就学不好思维导图？

这个问题的背后蕴涵着一个假设：画得好看就说明思维导图技巧好。实际上，这个假设是错误的。

第一，思维导图是图文并茂的，里面确实有很多图形和符号，但是这些图形和符号只是调动视觉，帮助我们更好地理解和记忆的手段。重要的不是美术创作，而是内在思维的结构、逻辑，以及思维的深度和广度。

第二，其实每个人都会画画，不信你现在试试看，在纸上画出三角形、圆形、波浪线。每个人的心里都住着一个爱画画的天使，只是你没有召唤这个天使，让它长久地沉睡着。所以，只要你想，并且行动起来，你体内的绘画潜力就会被激发出来的。

第三，图形不应该要千篇一律、规规矩矩，夸张、有趣的图像更容易刺激我们的大脑皮层，造成意想不到的效果，所以，不会画画的你，说不定更能体现创造力噢！

问题2：思维导图就是一个大纲图，没有用？

绘制思维导图并不难，但是为什么很多人在学习过一段时间后就放弃，觉得没有用呢？关键在于没有掌握思维导图的秘诀。有些人为了绘制精美的思维导图，花了大把的时间在处理中心图和小图上，浪费时间！画得美固然可以抓住眼球，具有观赏性和艺术性，但是若缺少实用性和可读性，就失去了思维导图最珍贵的价值。

当然，我们的大脑天生是一个"好色之徒"，如果你的思维导图能既具有艺术性，又具有实用性，那何乐而不为呢？

问题3：画思维导图太费时间了，有这画图的功夫，我事情都解决了？

首先，凡事都是熟能生巧的。刚开始学习思维导图，确实可能一张导图花半小时，甚至一小时，但是随着你对工具的熟练，你也可以达到10~15分钟就绘制一幅思维导图，就像你刚开始学走路，是跟跟跄跄的，熟练了就可以跑起来。所以，唯有刻意练习才是硬道理。

其次，工具始终是为你所用，给你带来便捷，而不是给你带来困扰的。不要受限于工具。拿着一把锤子，就看谁都是钉子；学会了思维导图，就什么都要画思维导图。这样的思维是僵化的。用什么工具解决什么问题，目的明确很重要。

最后，思维导图的优势在于它可以训练思维的深度和广度，让你借由绘制思维导图，拓展出更多的思路，也可以检查是否有遗漏、没有思考全面的点，从而避免快速思考带来的一些缺陷。

问题4：我知道思维导图很有用，但孩子忙，没时间学习怎么办？

这个问题就好像你明明知道，从A到B开车是最快的，但是你非要选择走路，说自己走去停车场太麻烦了。

一个工具再好，如果不去使用，对你来说也是没有用的。孩子之所以忙，是因为他的学习效率不高，唯有从这个根源出发，提高孩子的学习效率，才能真正解决"孩子忙"的问题。所谓"磨刀不误砍柴工"，不能用战术上的勤奋，掩盖战略上的懒惰。

问题5：怎样才能知道自己画的思维导图是对的？

刚开始学习思维导图的人，都会有这样的疑惑：我是不是哪里画得不对？这样的心态是好的，意味着你在求上进，但不要让这个问题成为你的困扰。刚开始学习，犯错很正常，你只需要坚持练习，在画的过程中，你的技能自然会熟练，能力就形成了。

画20张思维导图才算是刚刚入门，画到50张你就算是一个初级的学习者，而当你画到200张、500张思维导图的时候，你会发现什么导图都难不倒你了。

问题6：是电子导图比较好，还是手绘导图比较好呢？

电子导图和手绘导图各有各的优势。

电子导图在使用的过程中更加方便、快捷、容易复制，中心图也可以直接在网上找图片代替，比较简单。但这个优势也正是它的弱势，因为制作起来很快速、便捷，所以，它带给人的成长性和思考性都不会太大。就记忆效果来说，肯定是手绘导图强于电子导图的。

我个人提倡手绘导图，它更有助于我们深度思考。

章节重点

> 1.思维导图是高效思考的工具，可以应用在学习、生活、工作等各个方面。
>
> 2.思维导图的绘制步骤：中心图、线条、关键词、图像、颜色。
>
> 3.思维导图的心法训练：水平思考（开花）、垂直思考（流水）。

第九章
脑力竞技实战世界

CHAPTER 9

第一节　世界记忆锦标赛

世界记忆锦标赛是由"世界记忆之父"、思维导图发明者托尼·博赞和英国OBE勋章获得者雷蒙德·基恩于1991年发起，由世界记忆运动理事会组织的世界级高水平大脑思维竞技赛事，被誉为"脑力运动的奥林匹克"。

这个比赛考验选手的综合能力，包括观察力、注意力、联想力、创造力、思维力、记忆力，给脑力选手的生活、学习、工作等方面带来收益，让人生更加精彩。

世界记忆锦标赛有10个项目，每个项目的内容和标准都不同，具体参考如表：

项目	国家赛 （National）	国际赛 （International）	世界赛 （World）
人名头像	5分钟	15分钟	15分钟
二进制数字	5分钟	30分钟	30分钟
随机数字	15分钟	30分钟	60分钟
抽象图形	15分钟	15分钟	15分钟
快速随机数字	5分钟	5分钟	5分钟
虚拟历史事件	5分钟	5分钟	5分钟
扑克牌记忆	10分钟	30分钟	60分钟
随机词语记忆	5分钟	15分钟	15分钟

续表

项目	国家赛（National）	国际赛（International）	世界赛（World）
听记数字	100秒和300秒	100秒、300秒和450秒	200秒、300秒和450秒
快速扑克牌	5分钟	5分钟	5分钟

我把这10个项目分成了3个类型，分别是数字记忆、中文记忆和图像记忆。

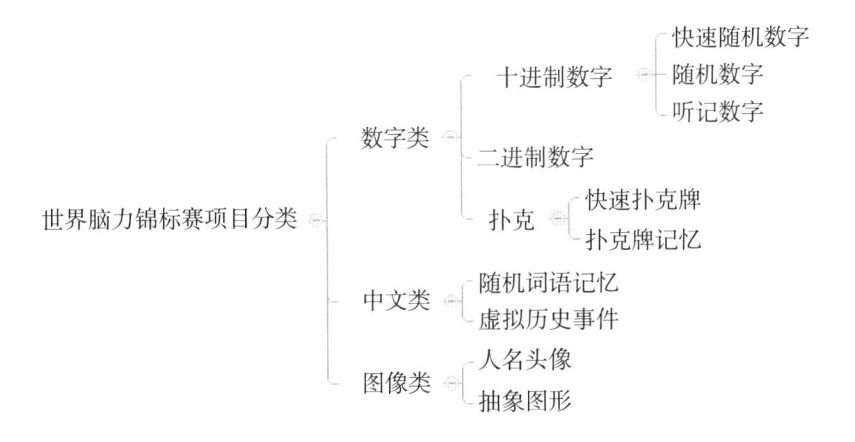

世界脑力锦标赛项目分类
- 数字类
  - 十进制数字
    - 快速随机数字
    - 随机数字
    - 听记数字
  - 二进制数字
  - 扑克
    - 快速扑克牌
    - 扑克牌记忆
- 中文类
  - 随机词语记忆
  - 虚拟历史事件
- 图像类
  - 人名头像
  - 抽象图形

第二节　数字记忆

数字记忆是世界脑力锦标赛中最基础的项目，它包括6个项目：听记数字、快速数字、马拉松数字、二进制数字、快速扑克、马拉松扑克。练习数字记忆，首先就要熟记数字编码，这在前面章节已经详细介绍，不再赘述。总之，花点时间来掌握编码，不仅数字记忆得快，拿到世界记忆大师也有可能。

在江苏卫视《最强大脑》中，76岁的吴光仁爷爷能背出圆周率小数点后6000位，如此高龄也能通过方法练成这样的"超能力"，只要你坚持，你也可以！

听记数字

听记数字的规则比较简单，赛场上会播放英文的随机数字："zero，three，one，three，two，four……"选手在规定时间内尽量多地回忆听见的数字，按顺序写在答题卡上，对几个就得几分。从错误的数字开始，之后都不计分，比如，如果写了10个，但是第三个错了，之后的都不能得分，只能得2分。

这个项目比较考验选手的专注力和反应力。因为播放的是英文，所以中间经历了"英文—中文—图像"的转换，是一个有趣又令人心跳加速的项目。

快速数字和马拉松数字

这两个项目，都是在规定的时间内，尽可能多地记忆数字。快速数字记忆的时间是5分钟，马拉松数字记忆的时间是1小时，数字记忆卷一行是40个数字。

得分规则：

（1）完全写满并正确的一行得40分。

（2）完全写满但有1个错处（或漏空）的一行得20分。

（3）完全写满但出现2个或以上错处（或漏空）的一行得0分。

（4）空白行数不扣分。

（5）如最后的一行没有完成（例：只写上29个数字），且所有数字皆为正确，其所得分数为该行作答数字的数目（于该例，即29分）。

（6）如最后一行没有完成，但有一个错处（或漏空），所得分数为该行作答数字的数目的一半。如为单数者调高至整数，例：作答了29个数字但有1个错处，分数将除以2，即29/2=14.5分，分数调高至15分。

（7）最后一行有2个或以上的错处（或漏空），则将以0分计。

训练技巧：

1.将数字转化为图像编码，详见数字编码表（见本书第二章）

编码表仅供参考，在训练过程中，如遇个别编码持续出错或遗忘的现象，可自行更改编码；如遇大面积编码出错或遗忘的现象，是编码没有记牢，建议从基础编码开始记忆。

比如，在我训练的过程中，数字"50"的编码本来是"奥运五环"，但是联结的时候多次回想不起来，于是我更改了编码。因为我家刚好有五姐妹，所以我就把"五朵金花"作为了数字"50"的编码。这个编码与我息息相关，因此我再也没有出过错。这种编码方法体现了记忆法的一个重要原则——以熟记新。将我们身边熟悉的、重要的物品或人物作为编码，这样就可以第一时间在脑海中出图。

2. 编码活化训练

在进行编码记忆的同时，每一个编码都需要进行视、听、嗅、味、触觉的"活化"训练，从编码的图案、大小、颜色、形状、材质、主动动作、受力面7个角度进行深度思考，让你的编码立体地呈现在脑海中。

编码	图案	大小	颜色	形状	材质	主动动作	受力面
01小树							
02铃儿							
03三角凳							

只有每一个编码都经过仔仔细细的推敲、反反复复的磨炼，数字记忆能力才能得到提升。

3. 读数训练

备战世界记忆锦标赛的选手都要准备一本厚厚的随机数字本，每天进行"读数"训练。所谓"读数"，并不是把数字读出来，而是一边看数字，一边在脑海里出图，看是否能在看见数字的第一时间出现清晰的编码图片。

训练初期，出图会比较慢，不要着急，脚踏实地地把每一个图片都出清晰，不要为了追求速度，忽视了清晰度。随着训练水平的提高，一个数字编码出图速度应该在0.5~1秒，以随机数字项目一行40个数字（20个编码）的标准，每行出图用时在10~20秒。每天坚持做一页读数训练，出图速度自然会逐渐提高。

4. 连接训练

做完单个编码的出图训练，就要开始训练把编码两两连接起来了。在连接编码时，需要格外注意的是先后顺序。例如：记忆数字"0407"，04的编码是小汽车，07的编码是锄头，可以进行联想：锄头挖进小汽车车顶，车顶破了一个大洞。

你可能注意到了，是后面一个编码主动作用于前面的编码。为什么要按照这个顺序呢？因为定位法先在脑中出图的是地点，前面编码要主动作用于地点，后面编码再作用于前者（见下图）。在刚开始连接的时候，画面应尽可能的夸张、奇特，刺激大脑。

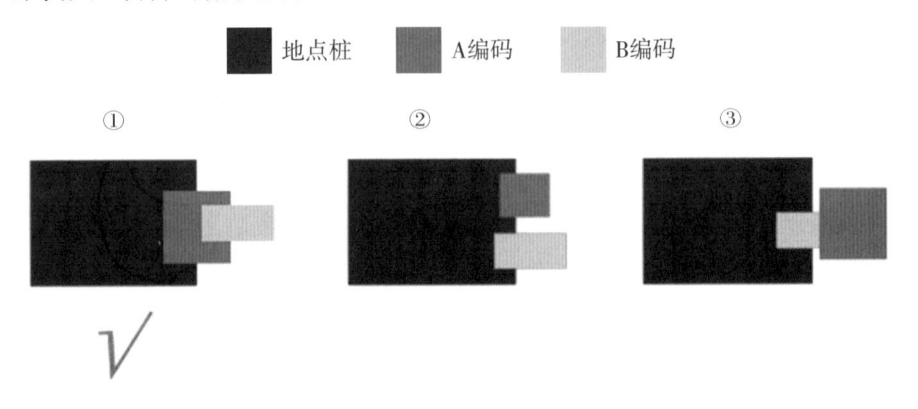

5. 打造自己的记忆宫殿

每个世界记忆大师都拥有自己的记忆宫殿，每个宫殿都经过精心挑选和反复磨合。一般来说，一个记忆宫殿里包含30个地点（也称"地点桩"）。我找地点的方式比较特别：找自己熟悉的场地，按顺序拍6张照片，按顺时针或逆时针的顺序在每张照片上标记序号，这样就建立了一组地点桩。我认为这样做的好处有两点，一是克服找地点的恐惧，因为拍照把事情简单化了，二是可以把地点储存在手机里，方便随时、随地加深印象。

以下是我在一家常去的茶室里找的地点桩：

第九章
脑力竞技实战世界

图片顺序	图片	地点桩
1		门把手
		古琴
		凳子
		窗帘
		窗台
2		花瓶
		椅子把手
		竹帘
		抱枕
		大玻璃碗
3		茶杯
		木制抽纸盒
		药酒瓶
		大竹席子
		矿泉水瓶

143

续表

图片顺序	图片	地点桩
4		灯开关
		玄关摆件
		顶灯
		门缝
		灭火器
5		小绿植
		茶饼
		转运钱包
		茶盒
		钱袋
6		水龙头
		插座
		茶条
		心经牌匾
		茶杯墙

拍完照片之后，对着每个地点仔细看一看、摸一摸，感受一下每个地点给自己带来的感觉。带着正念，心思回归到指尖的触感，这样做过之后，你会发现你对每一个地点桩都有了自己的情感，使用起来也会比较顺畅。

参加世界记忆锦标赛的选手，至少要有30个记忆宫殿，900个地点桩，这样才不会在训练时因地点少而导致一个地点有很多编码图像，以至于答题错误。

6. 记忆训练

实践是检验真理的唯一标准。记忆法的训练没有捷径，只有日复一日地进行训练，记忆能力才能真正提高。下面，我们就一起用"茶室"这个记忆宫殿中的前5个地点桩来记忆一组数字：09930673428113934352。

数字	数字编码	地点桩	联想
09	猫	门把手	门把手上有一只猫打着旧伞。
93	旧伞		
06	手枪	古琴	古琴上有一把手枪，手枪打出来很多旗杆。
73	旗杆		
42	柿儿	凳子	凳子上有个大柿儿，柿儿上爬满了白蚁。
81	白蚁		
13	医生	窗帘	窗帘上有个医生打着旧伞。
93	旧伞		
43	石山	窗台	窗台上有一座石山，石山上有一个鼓儿。
52	鼓儿		

记忆完毕闭上眼睛立马回忆一遍，然后在训练本上记录。

每训练一组数字，都要记录这组数字所用的地点桩、记忆时间、正确率，这样做是为了在回过头来看的时候，整理出容易出错的，总结问题，对症下药，这样才能不断提高。

每天训练完之后也要做一个总结，总结当天做到的训练目标，以及没有达成目标的原因，并且设定第二天需要达到的目标，有问题及时请教教练，根据自身实际情况及时调整。

7. 找对节奏

根据最新标准，马拉松数字需要1个小时内正确记忆1100个数字。这样长时间地记忆，容易记完后面的数字，又将前面的一些不紧密的联结遗忘了，所以在这个项目中找到节奏感尤为重要。许多选手在这个项目失误，都是因为没有找好适合自己的节奏。

当年我训练的时候，每5分钟记忆240个数字，看2遍，然后再记240个数字，同样看2遍，接着闭眼，复习一遍480个数字（回忆不起来时，立马睁眼看一下，加深印象）。这样1轮的用时约为15分钟，3轮就记忆了480×3=1440个数字，用时约45分钟。最后用15分钟整体复习2遍，1440个数字保证全对。保持这个节奏，我的正确率就非常高。

我提供的记忆节奏仅供参考，你可以根据自己的训练情况，找准属于自己的节奏。数字训练是基础，只有把数字记忆的根基打牢，其他项目才会跟着进步。数字训练的过程是比较枯燥的，但是带来的成就感也是极高的。

二进制数字记忆

二进制数字是指只由0和1组成的数字串。

得分规则：

（1）完全写满并正确的一行得30分。

（2）完全写满但有1个错处（或漏空）的一行得15分。

（3）完全写满但有2个错处（或漏空）及以上的一行得0分。

（4）空白行数不会倒扣分。

（5）如最后的一行没有完成（例：只写上20个数字），且所有数字皆为正确，所得分数为该行作答数字的数目。

（6）如最后一行没有完成，但有1个错处（或漏空），所得分数为该行作答数字的数目的一半（如有小数点，采取四舍五入法）。

训练技巧：

将二进制数字转化为十进制数字进行记忆。3位二进制数字转为1位十进制数字。由于二进制数字中间增加了一个转换，所以需要对于转化足够熟悉，迅速出图。下表为3位二进制数字与十进制数字的对应转化。

二进制	000	001	010	011	100	101	110	111
十进制	0	1	2	3	4	5	6	7

扑克记忆

扑克记忆分为两种，一是快速扑克记忆，二是马拉松扑克记忆。快速扑克记忆是尽可能快地准确记住一副打乱顺序的扑克牌；马拉松扑克记忆是在60分钟内记忆多副打乱顺序的扑克牌，看谁记得又多、又准。

得分规则：

（1）如果整副牌都记忆正确得52分。

（2）如果错一个，得26分。

（3）错误超过2个（包括2个），得0分。

（4）如最后一副牌没有完成（例：只记住了38张），但记住的都是正确的，那么记住几张就给几分。

（5）如最后一副牌没有完成，而记住的部分有1处错误，那么只能得一半分（如有小数点，采取四舍五入法）。

（6）如最后一副牌没有完成，错误超过2个（包括2个），得0分。

（7）如遇到平分的情况，胜负取决于附加的扑克牌。在这副牌中，参赛者尽力去记，每记对一张牌，可以得1分，得分更多的将是优胜者。

训练技巧：

不包括大小王，一副扑克牌共52张，分为黑桃、红桃、梅花、方片4种花色，每种花色13张牌。记忆扑克牌的核心思想是将牌面转化成数字，从而将扑克记忆转化成数字记忆。

1. 熟记扑克编码

因为黑桃♠有1个尖尖，红桃♥像2瓣屁股，梅花♣有3瓣，方块♦有4个角，所以依次将这4种花色编码为数字1、2、3、4。因为5写快了很像J，Q长得像0，K

上下封口就是8，所以花牌J、Q、K分别编码为数字5、0、8。非花牌先看花色再看数字，花牌先看数字再看花色。

扑克编码表如下：

数字	黑桃♠	红桃♥	梅花♣	方块♦
A	11筷子	21鳄鱼	31鲨鱼	41蜥蜴
2	12椅儿	22双胞胎	32扇儿	42柿儿
3	13医生	23和尚	33星星	43石山
4	14钥匙	24闹钟	34绅士	44蛇
5	15鹦鹉	25二胡	35山虎	45师傅
6	16石榴	26河流	36山鹿	46饲料
7	17仪器	27耳机	37山鸡	47司机
8	18腰包	28恶霸	38妇女	48石板
9	19药酒	29恶囚	39胃药	49湿狗
10	10棒球	20香烟	30三轮车	40司令
J	51工人	52鼓儿	53乌纱帽	54武士
Q	01小树	02铃儿	03三角凳	04小汽车
K	81白蚁	82靶儿	83芭蕉扇	84巴士

2. 推牌技巧

一般为左手拿牌，大拇指推牌，手指稍微用力，一次推2张，推牌速度要保持匀速。

3. 读牌训练

跟读数一样，每2张牌与一个地点桩连结。扑克记忆过程中，选择一组地点桩中的前26个进行记忆，后4个是不用的。

此外，每副牌要按顺序标上序号，避免混淆。

第三节 中文记忆

历史年代记忆

历史事件包括两个部分，一是事件内容，二是发生时间。前者是文字，后者是数字。由此也可以看出，数字记忆是快速记忆的基础。

在世界记忆锦标赛中，历史年代记忆项目记忆的是虚拟事件的日期。

得分规则：

在5分钟内记忆大量虚拟的历史日期，并且在15分钟内答题，看谁记得又多又准。

训练技巧：

（1）提取历史事件的关键词，转化成图像。

（2）把图像当成地点桩与数字连接。

下面我们来看几个案例：

日期	虚拟历史事件	关键词	联想
2095	小丑变成了西红柿。	"小丑"	20的编码是"香烟"，95的编码是"酒壶"。小丑一边抽着香烟，一边拿着酒壶喝酒。
1632	"天上人间"悄然出现孙悟空。	"天上人间"	"天上人间"可以联想到"嫦娥"。16的编码是"石榴"，32的编码是"扇儿"。嫦娥吃着石榴，摇着扇儿，从天上飞到了人间。
1838	有人吃了一百个大粽子。	"粽子"	18的编码是"腰包"，38的编码是"妇女"。粽子里有个腰包，腰包里住着妇女。

词语记忆

世界记忆锦标赛中的随机词语记忆项目属于中文记忆。参赛者需要尽可能多地记忆随机词语，并正确地回忆出来。

得分规则：

（1）如每列20个词语均正确作答，每个词语将得1分。

（2）如每列有1处错误（或漏写），得10分（即20/2）。

（3）如每列有2个及以上的错误（或漏写），得0分。

（4）如每列有错别字，则错几个扣几分。例如，把"斑马"写成为"班马"，则扣1分，最后得分为19分。

（5）空白未作答的列不会扣分。

（6）如最后一列没有写完，每个正确回忆的词语得1分。

（7）如最后一列有1处错误（或漏写），则该列得分为正确回忆的词语数目的一半。

（8）如最后一列有2处及以上的错误（或漏写），则该列得0分。

（9）如果一列中有1个记忆错误和1处错别字，那么该列的计分方式为：满分先除以2，再减去写错别字的词语的个数，即20除以2得10分，再减1，最后得9分；如果有2个及以上词语写错别字就减2分，得8分。注意：记忆错误必须先于错别字错误扣分，否则9.5分会被调高至10分，即没有扣掉错别字该扣的分。

（10）总分为每列分数的总和。如总分有半分，则会四舍五入。

（11）如有相同的分数，优胜将取决于作答了而没有得分的列数。每正确作答一个词语得1分，分数较高者胜。

训练技巧：

（1）每个词语都需要变成具体的图像（用抽象转形象的方法）。

（2）要把不认识的字快速记住。

（3）找到自己最适合的方法。可以选择故事法（一列20个词语编一个故事），也可以选择地点定位法（2个词语放一个地点）。具体训练请参考本书第三章的内容。

第四节　图像记忆

图像记忆包括抽象图形记忆和人名头像记忆。这两个项目除了考验选手的记忆力，还要考验选手的观察力。

抽象图形记忆

得分规则：

（1）15分钟内尽量多地记忆，并在30分钟内将每行的正确次序标注出来。

（2）每行正确作答得5分。

（3）一行中有遗漏或错误者，该行倒扣1分，即得分为–1。

（4）不作答或空白的行数不扣分。

（5）总分为负数者将以0分计。

训练技巧：

1. 对常见的抽象图形进行编码

可以根据你第一眼看上去像什么来进行编码。比如，下面的图案，第一个像"眼睛"，第二个像"兔子"，第三个像"帽子"，第四个像"白蝴蝶"，第五个像"龟壳"。在编码后，抽象图形记忆就转化成了中文记忆+数字记忆。

2. 使用定位法来记忆抽象图形

一个地点上放2个抽象图形，注意顺序。这一方法在前文已经练习过多次，还没有掌握的读者可以再看看本书第七章的内容。

一个窍门：一行只需要记忆4个的顺序，没有放地点的那个自然就是第五个。

人名头像记忆

人名头像记忆的核心技巧是，把头像的特征找出来，通过夸张的方式将其转化为形象图像，把人名定位到头像特征上。

计分规则：

（1）正确的名字得1分。

（2）正确的姓氏得1分。

（3）若只写上姓氏或名字亦可得分。

（4）错误填写的姓氏或名字得0分。

（5）姓氏和名字的次序若颠倒，便以0分计。

（6）没有姓氏或名字将不会倒扣分。

（7）总分有小数点时，四舍五入。

训练技巧：

（1）找出头像的特点，把这个特征放大、夸张。

（2）把名字转换为容易记忆的图像。

（3）把头像特点与名字图像进行紧密的连接，看到头像就想起名字，或看到名字就想起头像。

记人名的关键之一是记住姓氏。参加世界锦标赛的选手一般会事先记忆常见的姓氏编码，以便在比赛中更快地对人名进行图像转换。以下是部分的姓氏编码：

姓氏	编码	姓氏	编码	姓氏	编码
白	白头发	曹	野草	车	汽车
卞	辫子	岑	尘土	成	城池
蔡	青菜	陈	陈皮	程	橙子

此外，由于名和姓是分开计分的，所以在记忆的时候，我们可以尽量挑选名字短的来进行记忆。姓或者名在3个字以内的，比较好出图并与特征连结。但须注意，在训练的时候，长名字和短名字都需要训练，以免在比赛的时候遇到的名字普遍偏长，那就紧张了。

第五节　关于快速记忆法的疑问与解答

问题1：为什么学习了记忆方法，记忆力还是没有提高？

有些孩子在网上或者线下报名了记忆方法的课程，学了一段时间，但是感觉记忆力并没有提升，效果不好，就认为方法没有用。对于这一点，我有两点需要告诉大家：

（1）学习任何一种知识，都有一个周期，不可能一蹴而就。由于每个人过往的经历、学识、理解能力、想象力等方面都不同，所以每个人掌握方法的周期也不同。有的人训练不到1个月就能成为世界记忆大师，而有的人1年、2年甚至好几年都无法成为记忆大师，这取决于你有没有突破这个学习周期。

（2）学了、学会了、会灵活应用这三者有本质上的区别。如果你只是学了方法，没有反复练习和灵活应用，你终究不会领悟记忆方法的奥义。

问题2：市面上有那么多的培训机构，有许多记忆大师，到底跟谁学比较好？

适合自己的才是最好的。

首先，老师是不是世界记忆大师，与教得好不好没有必然的联系。是世界记忆大师，说明他的记忆技能很好，但是当老师不仅考验专业能力，还考验将自己的知识教给学生，引导学生在学会方法的同时，激发他更大的潜力的能力。

在行业内，我也见过有些不是记忆大师的老师，凭着他们对教育和记忆法的热爱，同样带出了世界记忆大师的学生，也教会了很多学生把记忆方法用在学习上，提高了学习效率。

其次，老师是不是世界记忆大师，与学生学得好不好没有必然的联系。俗话说："师傅领进门，修行在个人。"在学习这件事情上，老师的引导很重要，但是学生通过良好的引导、坚持训练、灵活运用，更加重要。即使是孔子这样的圣贤，三千弟子中的佼佼者也就那么几个，所以勤学巧练才是硬道理。

最后，教育这件事，中间产生影响的因素太多，并不是单方面因素就能决定结果的。找到适合的老师，就踏踏实实跟着练习，等你青出于蓝的时候，可以再寻找更适合的老师。

问题3：记忆方法是好，但是多长时间能学出来效果呢？多久才能像展示的那些优秀学员一样活学活用？

首先，每个学习者都应该搞清楚学习记忆方法的目的。你要的效果是什么？如果你用来处理工作，那么你能用记忆方法让工作高效，就有了效果；如果你是奔着拿世界记忆大师证书去的，那么拿到证书就是有效果；如果你只是想探索新的领域，想要略知皮毛，那么上个试听课，快速记下你平时需要花很长时间记下来的随机数字、词语，那就是效果。每个人对于效果的定义不一样，脱离效果的标准去谈，这个问题就是个伪命题。

其次，分数的提升跟很多因素有关，不仅跟对记忆方法的理解、训练时间长短、学习态度等有关，还跟学习习惯、理解力、专注力等因素有关。在家长配合、学生用心、老师指导有方的情况下，一两个月就可以看到孩子的记忆力有所提升。

最后，我想告诉每一个普通人，只要你按照正确的方法好好训练，都会有效果，至于效果是提升3倍还是7倍，取决于你自己的努力。

问题4：老师，你们一家有4个记忆大师，是不是有遗传因素啊？

不是遗传因素，学记忆方法之前，我的成绩是中等偏下水平。我从小是属于比较笨的孩子，总比别人慢一拍，但我相信笨鸟先飞，勤能补拙。我和家人勤奋训练成为记忆大师后，还帮助一些学生也拿到了记忆大师称号，更有学生打破了吉尼斯世界纪录。

记忆力的提升和勤奋、刻意练习的相关性是最大的。但是需要承认一点，遗传因素会影响记忆，这体现在对记忆法的悟性高低和训练时间上。

问题5：我学习记忆方法是用来记忆学习上的知识，为什么要练习数字或词语，这些跟我的学习没有太大关系，是不是太浪费时间了？

训练记忆法的时候，一定不是直接提升记忆力，而是需要先训练持久的专注力、敏锐的观察力、丰富的想象力、抗干扰能力等，而枯燥的数字训练就可以起到这个作用。一边看数字一边出图像、和地点联结等操作，会培养你的综合能力。随着你的数字记忆速度提升，你会发现你可以快速把注意力集中在一件事情上，这是拥有一个良好的记忆力必备的因素。

记忆赛场上，选手们需要排除灯光、媒体、裁判来回走动、突发事件等各方面因素的干扰，全神贯注，一坐就是几个小时，脑子还要飞速运转。这种高度集中的注意力，不训练肯定得不到。数字训练可以很好地训练专注力。

词语的训练可以训练抽象转形象的速度。学习上的内容大部分都是中文信息，不外乎抽象信息和具象信息，所以把抽象信息具象化的速度可以决定记忆的速度。

把这两个基础打牢，再去记忆文言文、现代文、政治、历史、地理等信息，就都会非常迅速。

问题6：老师，您是世界记忆大师，是不是每时每刻都在记忆，可以记住大家每个时间点说的每句话、做的每件事？

学了记忆方法，只是在特定需要记忆的时候，才会用到这个技能，每时每刻都使用，难免太累了，也没有必要。

作为世界记忆大师，我只是比没有经过训练的人，记得更快、更牢、更准确。偷偷告诉你，我在生活中也有点粗心。

问题7：老师，我担心孩子学了记忆方法，就投机取巧，学会偷懒，以后任何事情都偷懒怎么办？

记忆方法是一种工具，和开车、游泳是类似的。我们会狗刨，为什么还要学蛙泳呢？因为蛙泳可以游得更快、更远。我们不能说学了蛙泳的孩子就会投机取巧，做任何事都会偷懒了吧？这个说法是不合理的，学习记忆方法，只是让孩子多一种选择的工具而已。孩子掌握了游泳、开车、演讲、弹钢琴的方法，未来就能有更多的可能，有更多绽放的机会。

再者，大人有时也喜欢"偷懒"。从积极的角度来看，"偷懒"有助于激励孩子打破陈规，思考创新，从而创造另外一种可能，偶尔也要允许孩子从不同的角度去思考。

问题8：孩子之前学过记忆方法，学的时候还挺有效果的，不学了就忘了，这个方法是不是不持久啊？

这分两种情况：

第一，没有领悟记忆方法的技巧和精髓。有的学生，老师教他记忆，可以记得很快，但是老师不教他记忆，自己就不会记忆，这就属于完全没有掌握方法，只是依赖老师。要看看问题出在哪里，是老师的引导问题，还是学生吸收的问题，具体问题，具体分析。

第二，没有用，就"没有用"。有的学生在课堂上表现很好，训练很积极，很有热情，回家后却没有坚持练习，没有实践，当然方法就没有用啦！这就好比你在身边放一把利剑，却一直不用它，还要一直责怪这把剑一点也不锋利。等这把剑在时间的磨损下真的成了一堆破铜烂铁，你就在旁边抱怨说："看吧，就知道这个东西没有用！"

记忆方法和其他任何一种方法一样，只有持之以恒地训练，才能把这个技能内化为能力。变成能力后就不用经常训练了，就像我现在，也没有每天都训练，但是给我任何记忆资料，虽然达不到当年在世界脑力锦标赛上的速度，但依然比一般人记得快很多。

问题9：学那么多种方法，真的都能掌握，都能运用吗？

快速记忆法可以分为故事法、绘图法、歌诀法、定位法、思维导图法，每个人擅长或经常使用的方法都不一样。不用纠结是否能把每种方法运用自如，应该把注意力放在记忆的结果上。"黑猫白猫，抓到老鼠就是好猫。"我认为学习记忆法的最高境界是"忘记"，忘记形式上的技巧，形成自己的认知体系，才能运用自如，无招胜有招。

记忆法并不完美，也并不神秘，它不是深居简出的怪叔叔，而是亲切可爱的邻家小妹。你需要自己亲自去发现、探索她的秘密，去和她碰撞出火花！祝你早日达成自己的记忆目标，让快速记忆方法成为你人生道路上的助推器！

后　记

　　你好，感谢你购买这本书！它包含了我学习、教学8年来总结出的一些记忆技巧。我通过这套方法，在学习、工作和生活中取得了一些成绩。如今，我把这些经验整理成书，希望可以帮助学生、职场人士解决一些记忆难题，提升学习、工作效率。只要勤恳练习和多多实践，每个人都可以成为记忆高手！

　　有学生告诉我，学完快速记忆，记东西更快了，平时花需要花1小时背诵的资料现在只需要二三十分钟；也有学生说，在练习的过程中，锻炼了想象力和创造力，更磨炼了毅力；还有学生说，通过练习，他们提升了自信，知道了自己和"最强大脑"的距离是很近的……

　　大部分人不是天生记忆力不好，而是缺少正确的方法。若你能够从本书中得到一些收获，在学习、工作中得到一些收获，那么这本书就有了价值。

　　感谢阅读！

附　录

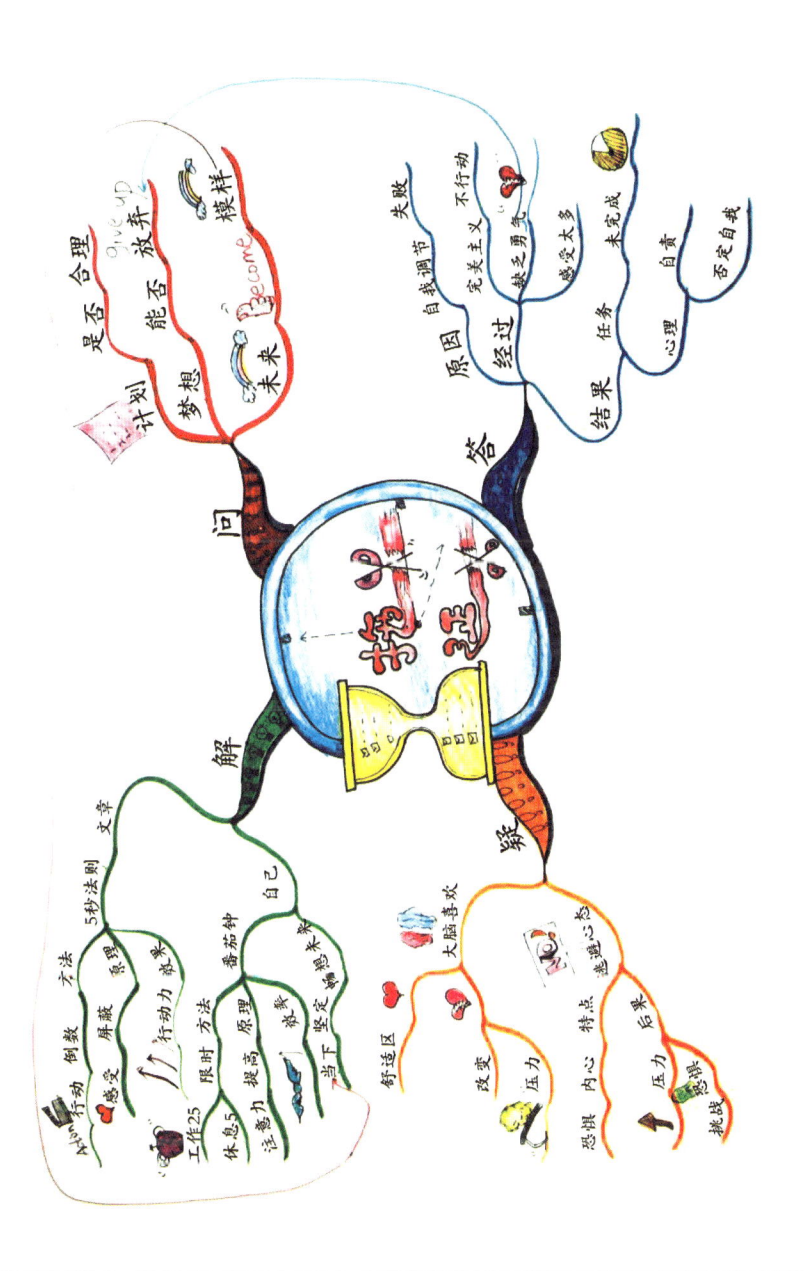

附1　"终结拖延症"思维导图

附2 《海上日出》思维导图

附录

附3 《菊》与《莲》思维导图

附4　"行李清单"思维导图

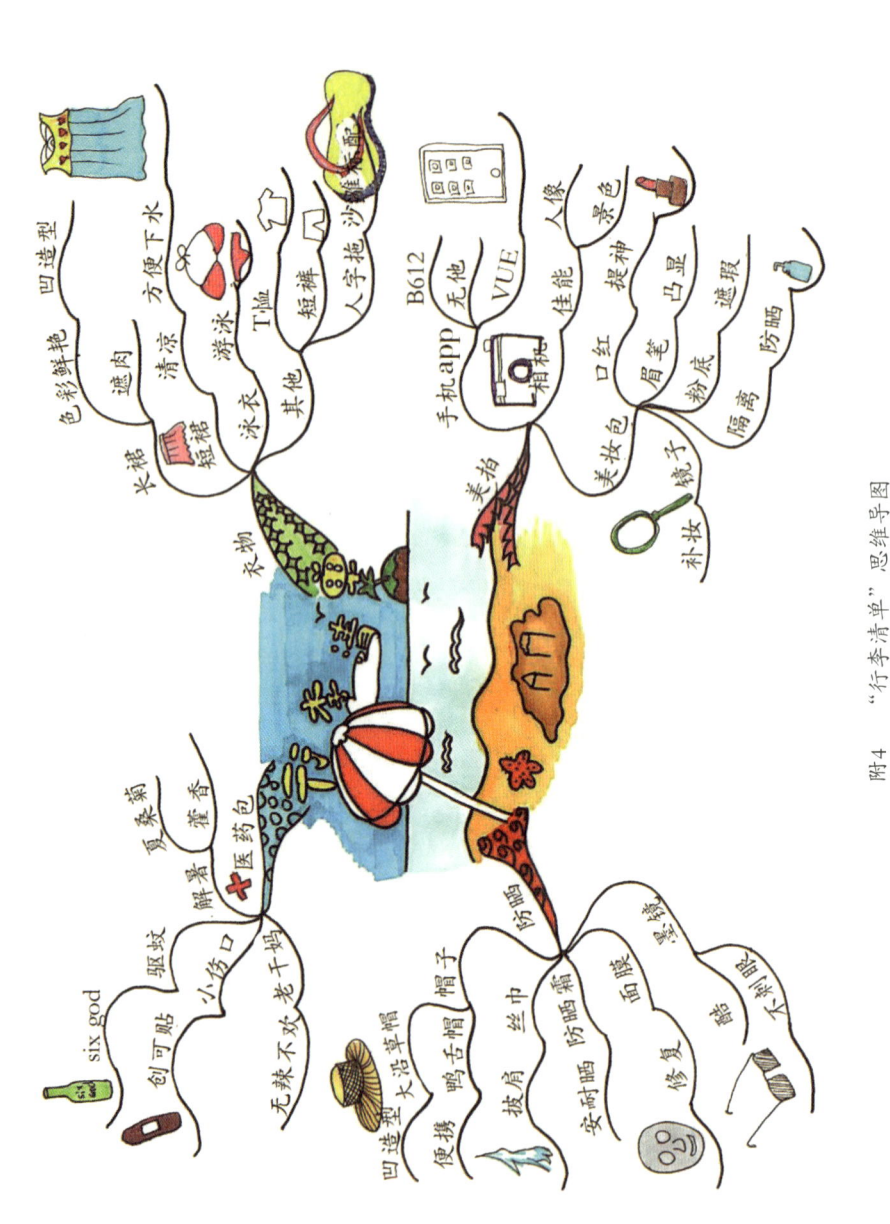